室内设计师.24
INTERIOR DESIGNER

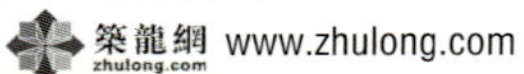

图书在版编目(CIP)数据

室内设计师.24/《室内设计师》编委会编.－北京：中国建筑工业出版社，2010.8
ISBN 978-7-112-12250-9

Ⅰ.①室… Ⅱ.①室… Ⅲ.①室内设计－丛刊 Ⅳ.①TU238-55

中国版本图书馆 CIP 数据核字(2010)第134249号

室内设计师 24
《室内设计师》编委会 编
电子邮箱：ider.2006@yahoo.com.cn
网 址：http://www.idzoom.com

中国建筑工业出版社出版、发行
各地新华书店、建筑书店 经销
利丰雅高印刷（深圳）有限公司 制版、印刷

开本：965×1270毫米 1/16 印张：10 字数：400千字
2010年8月第一版 2010年8月第一次印刷
定价：30.00元
ISBN978-7-112-12250-9
(19540)

目录

CONTENTS

VOL.24

栏目	标题	作者	页码
视点	跨界设计新气象	王受之	4
解读	青浦练塘镇政府办公楼	徐明怡	8
	大唐西市博物馆	徐明怡	20
论坛	Tim Zebrowski 谈美国酒店设计		30
	谈后现代主义设计手法在餐厅设计中的尝试		34
教育	测与绘——记中国美术学院建筑系1年级课程测绘Ⅱ	王飞	36
实录	连岛大沙湾海滨浴场		44
	老房新顶		50
	上海青浦区涵璧湾花园		54
	上海南京路步行街行人服务亭		58
	水舍		62
	普吉岛蓝珍珠度假酒店		70
	Ovolo：服务式酒店公寓与服务式办公楼		84
	防空洞的新衣		88
	香港旺角朗豪酒店		91
	杭州人的“外婆家”		94
	仁清日式料理金茂店		104
	屋马烧肉町		108
世博	名设计师看世博——“城市建筑与城市生活”论坛		114
纪行	泰国普吉岛乐古浪酒店度假村		124
感悟	牛虻一样的英国馆?	宋微建	132
	肉……沙发	陈卫新	132
	缘木而居的乡愁	赵周	133
	七月上海	翟海林	133
场外	郭锡恩+胡如珊: 如琢如磨		134
	郭锡恩与胡如珊的一天		136
链接	菲利普·斯塔克: 四处留情		140
	谷文达: 中园		144
事件	“城市建筑与城市生活”论坛 暨《二〇一〇年上海世博会建筑》新书首发仪式		148

跨界设计新气象

撰 文 | 王受之

NEW OUTLOOK IN CROSSOVER DESIGN

当人们谈及建筑设计、室内设计在近十多年来的发展时，多半先想到的是建筑技术、建筑材料等方面的进步。其实，近些年来，建筑概念、室内概念的转变，在对传统观念的突破上，速度更是惊人。建筑做到现在，在传统功能范围内的设计，无论如何也难以吸引眼球，因此跨界成风，歌剧院做得像体育馆或者机场、图书馆做得像工厂、住宅做得像旧皇宫、创意中心做得像仓库，越能够从外形上混淆内容，越容易得到好评。这个现象本来是后现代时期的一些个别的做法，但是现在不但成了做大项目的一个基本手段，并且开始发展到室内来了。因此，当你坐在一个有点像废品回收站的西餐馆吃饭，或者在一个类似破败的电影摄影棚喝茶，不要以为去错了地方，却真是要注意你口袋里的钱带够了没有。设计上跨越形式主题，混淆外形和内容，让形式不代表、不反映内容，这个和一百年前路易斯·沙利文提出的“形式追随功能”（form follows function）恰恰背道而驰。建筑发展到目前这个阶段，无论是技术条件上，还是当代人的审美或者消费意识上，都已经具备颠覆3F原则的条件了。虽然我不以为沙利文的这个原则会完全过时，但从目前的建筑界、设计界的做法来看，特别是在新技术条件非常成熟的情况下，除非消费者、使用建筑的群众能够形成一种约束力量，不让建筑在所有的项目中都如脱缰野马一样的跨界，否则，这种颠覆3F原则的做法，应该会越来越多见了。相比之下，过去一些年来，室内设计固然有发展，无论多么奢华的、甚至奢华到难以想象的室内也屡见不鲜，但是，在基本的功能布局上，还是万变不离其宗：房是房，厅是厅，并不过界。现代主义出现将近一个世纪了，但是真正完全自由的室内空间还是属于少数，并且依然很具有探索性，大凡涉及居家设计，空间分割还是清清楚楚的。

建筑和室内设计上，原来的做法，是功能和建筑形式要求相互匹配，跨界了会被认为不合理。车站要像车站，图书馆要像图书馆，歌剧院要像

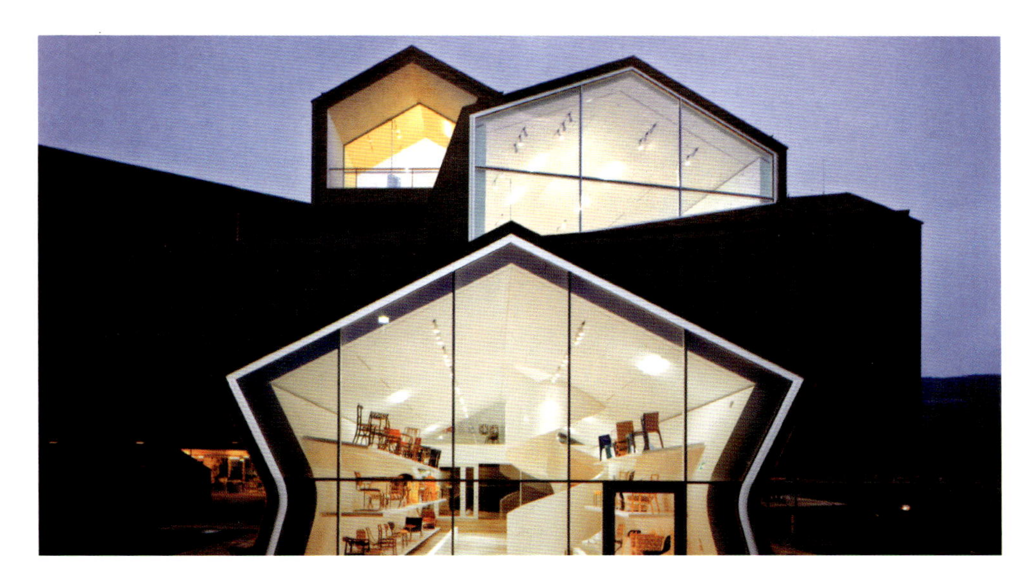

1 赫尔佐格和德梅隆（Herzog & Meuron），为瑞士的家具企业维特拉（VITRA）公司设计的家具博物馆

2 主入口所在的五边形不是完全的直线形，显示在功能上与其他“五边形”玻璃幕墙的区别

3 博物馆周边优美的自然环境

4 优雅的室内家具和怡人的室外风光交相辉映，展示效果近乎完美

歌剧院，画廊要像画廊，住宅要像住宅。这种做法，历经千年，也没有多大的改变，直到最近，也就是在后现代主义式微、解构主义滥觞之后，才始见端倪。对这个发展，我一直是很感兴趣的。

这股跨界的风潮最早出现在公共建筑上。这 20 年来，愈来愈多的建筑师在做公共建筑的时候，图求形式上的突破，而在现代建筑的语汇中，除了做到理想主义的严谨、极限主义的克制、材料单纯而精益求精之外，好像没有什么其他的办法；而后现代主义对历史建筑符号的混合使用、调侃戏谑的做法，兴过一阵子，却容易显得非常商业和廉价；解构主义虽然很炫，但第一是不耐看，第二是看多了也就产生了审美疲劳，热了几年，现在大家看见弗兰克・盖里、扎哈・哈迪德这些人的作品，也开始没有感觉了。在当代建筑的形式词汇中，可以用来吸引眼球的武器越来越少，跨界设计就形成了一股潮流。虽然并没有达到主流的气势——由于缺乏一个理论的说法，这种风气大概永远也不会有后现代主义、解构主义、高科技派这样的气势，但是在一段时期内，我看这股风气还会更加热的。

最近一段时间，有机会看了几个室内项目，倒真是感受到有意识跨界、刻意模糊形式代表的功能内容之类的设计手法很有突破性。本来是做自己的家的，把家和画廊做在一起，已经有点古怪了，住在画廊里面的感觉是什么样的呢？而把博物馆做成一堆住家的小房子，感觉就更加奇怪了：明明是去看博物馆，倒好像从一家穿越到另一家去串门子了，而这些住家的房子还是一个叠一个的堆起来的。这种类型的设计中，有个很大的概念动机，就是跨越界线，模糊概念，指此说彼，因而感觉很有特点。

因设计 2008 年北京奥林匹克运动会的主场“鸟巢”而在国际上声名鹊起的瑞士设计双人组合赫尔佐格和德梅隆（Herzog & Meuron），最近为瑞士的家具大企业维特拉（VITRA）公司设计了一个新的家具博物馆，就是这种把原本住宅形式的建筑堆砌起来，组成一个完整的博物馆。从外面看像是零碎堆砌的一堆小房子，里面却是一个完整的博物馆，化整为零，并且在形式上很具有冲击力，就是这种设计方法的成功案例了。

维特拉公司是一家举世闻名的以出品高级办公与商务家具系列为主的企业，生产的家具都是名师作品，并且用高标准技术水平保证作品的精准。最近这些年来，维特拉注意到企业形象和展示之间的关系，因此在瑞士巴塞尔和德国小镇莱茵河畔的维尔（Weil am Rhein）交界处的厂房园区内，委托名建筑师设计展馆，除了用来展出维特拉出品的大师家具作品之外，展馆本身也是具有探索性的建筑作品。1989 年，弗兰克・盖里设计了维特拉设计博物馆（Vitra Design Museum），之后扎哈・哈迪德设计了维特拉的消防站（Fire Station），是哈迪德做了长期建筑理论之后第一栋真正建成的建筑作品，标志着她的设计从理论跨越到建筑实践。对她个人来说，这是个里程碑性质的作品。1993 年由安藤忠雄设计的维特拉会议中心（Conference Pavilion）则

1　“维特拉房子”简约中性的一楼展示空间
2　“维特拉房子”综合了画廊、公共空间、住宅等多种功能
3　透过一堵透明玻璃幕墙，南方公园的景色一览无余
4　“维特拉房子”二楼起居空间

是他在日本之外的第一个建筑，对他个人来说，也是一个跨越国界的里程碑。维特拉通过这些项目，也树立起自己在建筑界前卫的地位，成为国际建筑界、设计界瞩目的对象。这个做法，实在很聪明，一举两得，双赢局面。

2004年开始，维特拉不但展示家具，也开始展示生产线，这样吸引了更多的人来参观。由于需要扩大展示线，原来展示家具的空间就明显不够用了。于是，维特拉在2006年委托赫尔佐格和德梅隆为他们设计新的展览馆，这个空间当时简单地称为“Vitra Haus”，德文“维特拉房子”的意思。概念很简单：概念中的房子，是地面、四面墙、坡屋顶，如果把这样的概念房子横断面切开看看，就是一个五边形：屋顶两面、两面的墙、地面。把这五边形拉长，两端的墙面改用透明玻璃，则成了一间似乎是没有两端的长条屋子，而这玻璃墙面的两端，正好成为展示内部展品的“窗口”。他们设计了十二条这样的五边形长“屋子”，然后把这些屋子看似随意地堆砌起来，其中有几栋在堆砌时有很长一部分的悬空出挑处理，出现了几乎15m长的悬空出挑部分，远远看去，好像龙卷风之后，把一堆小的长屋子摞到一起了。这一大堆建筑长长短短、横七竖八，叠在一起，非常有趣。这堆房子的高度是21m，但是因为是好多个小房子构成的，因此感觉没有那么高。晚上去维特拉博物馆，远远看去是一个个白色的五角形的窗子，有点神秘感。所有“屋子”的两端都是整面的玻璃，因此从外面可以看见展览的展品，而从内部则可以看到角度不同的各种乡村景观，内外都很讨好。

博物馆的室内设计也很精彩，因为是家具公司的展览馆，自然要突出家具的陈列和营造出生活的氛围，室内基调是柔和的纯净白色。这12个“屋子”的每一个五角形室内都是一个独立展馆，大部分在两边墙上装上长条形的架子，陈列维特拉的家具。也有几个是在室内摆设出一个办公室、会议室的形式，展示家具使用环境的氛围。每个五边形山墙的玻璃开口形式并不完全一样，有些是直线五边形，而最下面入口大厅的那间则有收缩的腰鼓边，显示功能和其他11间有所不同。设计的时候有意识地把这些开口朝不同的方向，因此，从每一个展室的两端向外望去，看到的景观都不相同。逐层登上，看不同的家具，也看不同的风景， 增加了参观的趣味性。在维特拉厂区，看盖里1989年设计的维特拉博物馆，对其外形的解构主义形式会感到兴趣；而看赫尔佐格和德梅隆的这座新落成的“维特拉房子”，则更多会想进去看看从里面看出来的感觉，和体会小屋子叠加在一起的奥秘。一个在外，一个在内，设计的思路差异非常大，是很有趣的。

说到跨界设计的手法，赫尔佐格和德穆隆的“维特拉房子”是在形式上的跨界和混淆，产生外形和内容的差异趣味，而我最近看到的另外一个作品，则是把两个不同的功能内容叠加在一起，

并且把建筑和公共艺术也混在一起，也代表了一条建筑师们现在在摸索的新路。两位美国旧金山的建筑师——Luke Ogrydziak和Zoe Prillinger，他们在旧金山设计了一栋三层楼的建筑，把画廊、公共空间、私人住宅全放在里面，成了一个比较罕见的公共、私人混合空间。底层是展览厅；二楼是公共起居空间，有厨房，有客厅，来看画廊的人可以在二楼坐坐，也可以用来开party；而三楼则是艺术家自己的私人住宅空间。三合一，倒不是没有见过，但是绝大多数这样的三合一，都是改造的建筑，而原设计就考虑到三合一的做法，则真是不多见。

这个建筑面宽很窄，底层用磨砂玻璃做墙面，外面看见内部的灯光，但是不能看见内部的内容，符合画廊设计的要求；二楼和三楼的外立面是玻璃幕墙，完全透明，可以清楚地看见室内的结构和陈设，顶部用工业的波纹金属板铺设，室内完全开敞，仅仅有几个简单的白色"盒子"作为功能性空间的间隔，比如厨房、洗手间、储藏室等等。外立面上加了一张好像树枝、蜘蛛网一样的金属构架，在原本很现代、很理性、纯粹功能的表面上增加了解构的装饰，也增加了建筑的公共艺术感。这层树枝形的铁架、或者说是蛛网形的铁架虽然很简单，但在视觉上却很强势，立即赋予这个三层楼建筑一个自我宣言：艺术的、实验性的、个人化的。

这栋建筑在旧金山的南方公园(South Park)旁边，南方公园是拥挤的旧金山市区内稀少的公共空地和绿化空间，除了两边都靠着邻居的建筑之外，这栋建筑有其两面性格：一面朝街道，一面朝公园绿地。设计手法很简约，仅突出底层画廊和二层的展览空间而已，希望能够吸引观众进入。设计师希望吸引的不仅仅是艺术方面的观众，一般的民众也是他们希望吸引的对象。进入展厅之后，因为室内完全采用大通透的设计方法，很容易吸引人去看建筑的另一面，而那里则是落地的大玻璃窗，可以看见整个南边公园的景色，整个设计的努力就是混淆正式和非正式的感觉。设计上用4×5×4的笛卡尔比例作框架，以此形成一条贯穿整个建筑的曲折的轴线，从街面走入展厅，再引导人们走去后面，观看公园的景色。建筑内部全部采用工业预置构件，波纹金属板覆盖顶部和顶棚，并在室内采用了粗大的黑色钢梁和钢柱。这种设计方法，使得室内具有展览馆需要的中性背景，没有明显的趋向性，容易和展品配合。而笛卡尔比例的采用，又自然形成室内的轴线感。三个功能空间混合在一栋建筑中，私隐部分放在顶层，二层是公共活动空间，是私人和公共空间的一个过渡，底层则是纯粹的画廊，很舒适，也很自在。这种混合功能、形式上跨界的做法，在现在的设计中可是越来越多见了。END

青浦练塘镇政府办公楼

LIANTANG TOWN HALL, QINGPU, SHANGHAI

撰　文 | 徐明怡
资料提供 | 致正建筑工作室

地　点	上海市青浦区练塘镇
建 筑 师	张斌、周蔚 / 致正建筑工作室（不包括室内设计）
设计团队	陆均、王佳绮、李莹、倪丹凤
合作设计	上海九晟建筑设计有限公司
建设单位	上海市青浦区练塘镇人民政府
施工单位	上海小蒸建设发展总公司
设计时间	2006年9月～2010年3月
建造时间	2008年10月~2010年3月
基地面积	23590m²
占地面积	5450m²
建筑面积	8350m²
结构形式	钢筋混凝土框架结构
建筑层数	地上3层
主要用途	政府办公、会议、社区服务
主要用材	涂料、青砖、石材、铝材、平板玻璃、木材、小青瓦、铸铝风窗
建设投资	2500万元人民币

前些年，青浦前副区长孙继伟邀请了一批当代中国新锐建筑师在上海郊区以创造新江南水乡为“命题”进行他们的建筑和城市设计实践。其间邀请众多国际建筑和城市规划大师来青浦座谈讨论，一时间青浦小城在国际上成了研讨的话题，更于2008年获得了“迪拜国际改善居住环境最佳范例奖”。这场在区政府领导下的城市美化实验运动，对建筑师来说无疑是个绝好的发挥机会，也正是行政力量的保驾护航令建筑师们天马行空地肆意发挥自己对建筑的理解与思考。这些作品全新的形式理念与空间意象的执意追求也改变了我们对建筑的一些固定认识。

但建筑更多的是来源于生活。新一轮青浦的建筑实践却在相对日常的状态下从容前进。

对张斌来说，他并没有幸运地加入到恢弘的前一轮青浦建筑运动中，在他刚接手时，孙继伟已前赴嘉定任职。对建筑师来说，缺少了这股行政力量的庇护，实实在在的解决项目的实际问题成为了第一性，这是幸或不幸亦取决于建筑师自身对项目的态度。

青浦练塘镇政府办公楼的基地位置非常敏感，离开具有江南水乡特色的历史风貌保护区练塘1km距离，周围均是农田，这样介于历史与当代的位置对建筑师来说也是个选择。我们可以很笼统地将人们对建筑创作的期望归纳为“继承”与“创新”两词，但究竟何为继承，何为创新？针对练塘项目来说，设计师究竟是重塑一个江南小镇的古董，抑或是以天外飞仙的态度搬来前卫时髦的设计？

张斌给出的答案，是希望与江南水乡进行对话。但面对心底排斥江南水乡风格的业主，如何用专业知识为他解决实际问题则成为建筑师的核心任务。在这样的背景下，这个规模并不大的项目历时四年，蹒跚前行，但张斌仍没有试图与国际化妥协，他仍脚踏实地，一步步以自己的智慧与毅力重拾我们心中即将失落的江南水乡文化。

理想：与江南对话

ID =《室内设计师》
张 = 张斌

ID 谈谈这个项目的缘起吧。

张 基地位于上海青浦区西南角，距离练塘老镇有1km距离，周边都是农田。之前已有过一轮竞赛，最终中标方案是一个具有小尺度江南民居的空间和肌理特色的设计，青浦区规划局支持将这个镇政府大楼打造得具有江南特性，而练塘镇政府却对此十分抵触，希望有个所谓"现代化"的镇政府大楼，这样的想法和当时的设计师也产生了磨擦，项目陷于停顿。最后，区规划局找到我来接手这个设计，希望我们既能够调停这个矛盾，又能够坚持原设计的基本价值取向。

ID 镇政府最初的想法是怎样的？

张 他们不希望将镇政府做成原设计所代表的那种低调、朴素、地方性的路子，他们想在这块空旷的场地里面建一座标准的政府建筑，即一个小号的"行政中心"，中间一幢六层高的大房子，然后前面空出来一大片广场，说不定还有气派的大台阶。

ID 如何说服他把六层楼变成了三层楼？

张 我就告诉他们，这块地如果这么做的话，六层高的房子会显得特别小，不够气派，如果交给我们来做的话，我们就会把这块地用得充足一些，环境弄得更好一些，但房子一定不会超过三层，充分运用庭院来组织和铺陈空间，却还是会有个比较大气的形象，且最终方案不一定会是像民居那样的一个个小房子。

ID 你究竟想打造一个怎样的房子呢？

张 基地虽然在老镇外的农田里，但使用这个建筑的人都来自老镇。虽然镇政府比较排斥江南民居的传统风格，但我们仍然坚持这个项目一定要和练塘有关系，和江南有联系。我们希望能够与江南的这种在场的环境进行对话，而不是做一个放之四海皆准的建筑，更不是一个标准的"行政中心"。我们之所以愿意接受这个矛盾重重的项目，也是觉得作为基层行政建筑，这个镇政府办公楼有机会突破那种千篇一律的"行政中心"形象。

ID 为什么会对江南命题情有独钟？

张 我们这辈建筑师接受的是来自西方的现代主义教育，所以在设计时，还是会更加关注物质性与形式逻辑，但是通过实践的积累后，我自己会对只是从这样的角度去做建筑感到不满足。西方设计师在关注物质性的同时，还是会谈到具体场地条件，但到了中国后，我们的教育就将场地与物质性剥离，最后只是留下了形式。在国内建筑界，物质性的表现也更加偏重于形式的表达，设计师亦喜欢回避场地，只是关心自己的想法与物质形态之间的关系。针对这样的状况，我们希望通过自己的实践，运用建筑师的职业能力，探讨新的可能，与最终的使用者产生某种联系的可能性。而江南命题只是提供了一个大的参照系统，它必须与项目的特殊性相结合才有意义。

ID 这些都如何在这个项目中实现呢？

张 我们并不想把它设计成一个张扬物性的房子。地块周边的约束不是很大，但其与传统江南村落、古镇以及农田的关系却形成了很敏感的场地肌理，我们希望从这个角度来探讨设计。现在这个建筑的造价是有限制的，大致在每平米2500元~3000元。所以我们在材料上也没有太多的选择，墙面使用白涂料，局部有些木头，屋顶是铺地的青砖，走廊上也使用这种青砖。所以，对氛围的营造成了我在这个项目中最关注的。我们用庭院组织关系来表达我们的设计，我觉得这与之前纯民居小尺度的方案有所不同，因为我所设想的院落组织与所谓传统的院落组织有所不同，它有大的尺度，也有小的尺度，建筑中央还有一个围合的大院子，办公楼也有开放的可供人们进入的大庭院。

ID 前几年，您在同济设计的C楼与中法中心似乎都是张扬物性的作品，是什么原因造成价值观的改变？

张 多造几个房子，参与整个过程后，特别是看到具体使用者是怎么与房子互动的之后，想法就改变了。我现在已经不会过分迷恋于物质形式，比如对施工质量不会过分苛求，也不会以恋物癖的姿态去追求细节，但当时，在做同济C楼的时候，我对细节与构造逻辑的追求还不能与我对于空间氛围与体验的追求很好地结合，它们像两条平行线。虽然我也十分关注非物质的部分，但人们更多感性趣的是材料与细部。后来在做中法中心项目的时候这种想法已经有所改观了。我觉得将细部与构造逻辑提到某种神性的程度，然后再去还原建筑与人的关系，这是基督教甚至是新教的传统，完全不是中国人的思维模式。我现在感兴趣的是如何能在物质性的表达之外有其他选择，如何能让建筑师物质性、甚至于是作品性的表达不要挤压使用者的灵性空间。建筑师肯定需要通过物性的操控来建造，但这种操控如何能够同时关照到人的灵性，特别是使用者的自由，才是我们在具体场地上进行建造活动的根本目标。正是在这一点上，江南的建造传统极其价值取向才对我们特别有意义，它是我们历史的一部分，也是我们所有感觉与灵性的一部分，它是活的，只是对于大部分人来说它被屏蔽了，休眠了。

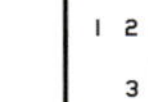

1 建筑模型
2 建筑区位图
3 建筑西南侧外观

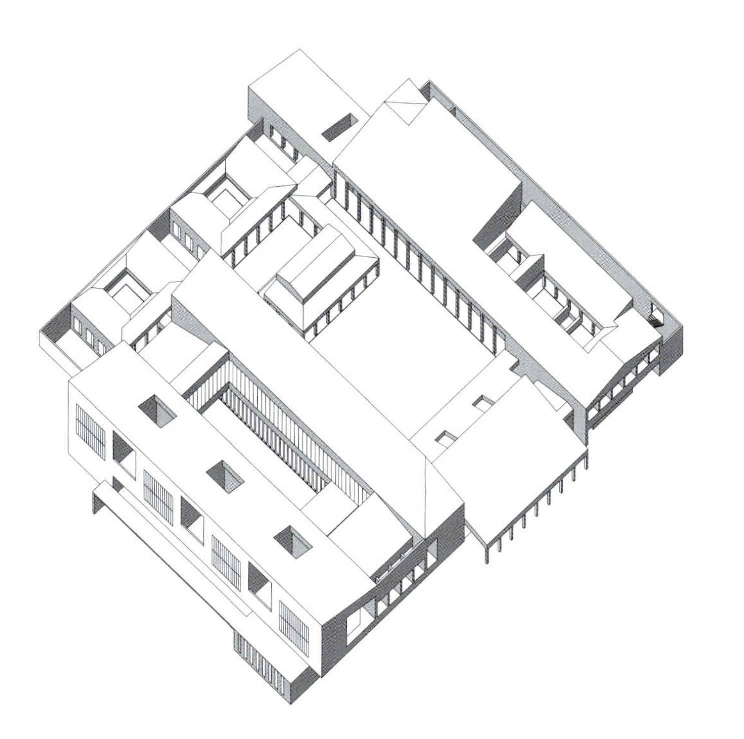

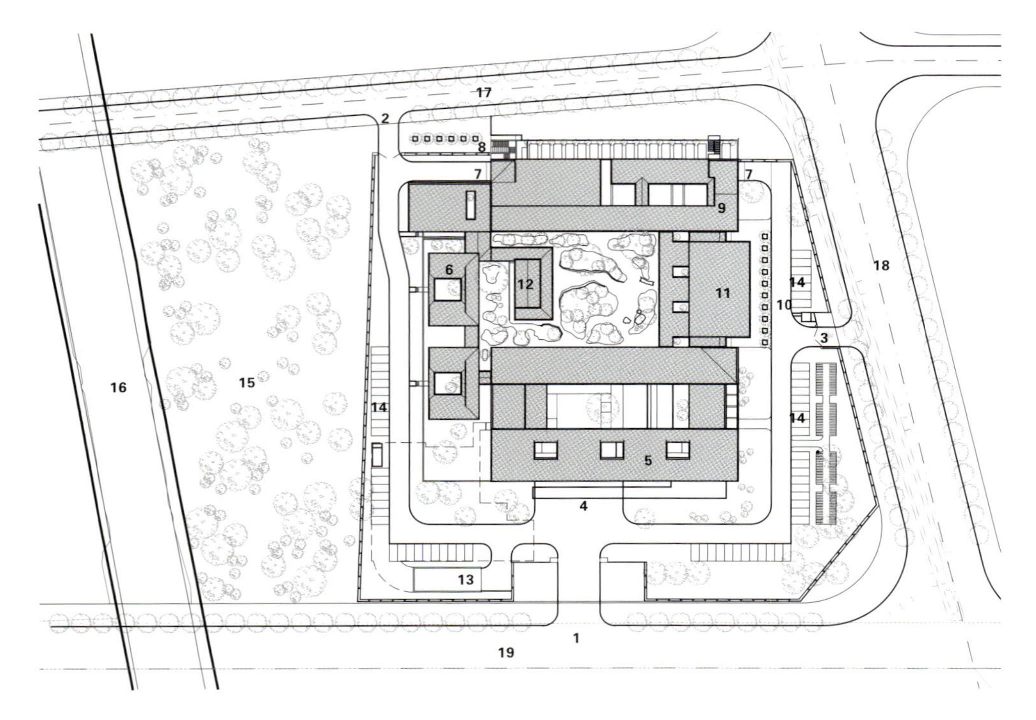

1. 基地主入口 Main Entrance of Site
2. 基地后勤入口 Entrance of Site for Rear Service
3. 基地社区服务入口 Entrance of Site for Community Service
4. 办公入口 Entrance for Administration Sector
5. 行政栋 Administration Sector
6. 直属业务楼 Public Affairs Sector
7. 后勤入口 Entrance for Rear Service
8. 会议中心入口 Entrance for Conference Center
9. 会议栋 Conference Center
10. 社区服务入口 Entrance for Community Service Center
11. 社区服务栋 Community Service Center
12. 文体栋 Relaxation Sector
13. 地下车库入口 Garage Entrance
14. 机动车停车位 Parking Area
15. 沿河绿带 Greenland of Riverside
16. 南中心河 Nan Zhong Xin River
17. 商城路 Shang Cheng Road
18. 泾珠路 Jing Zhu Road
19. 章练塘路 Zhang Lian Tang Roa

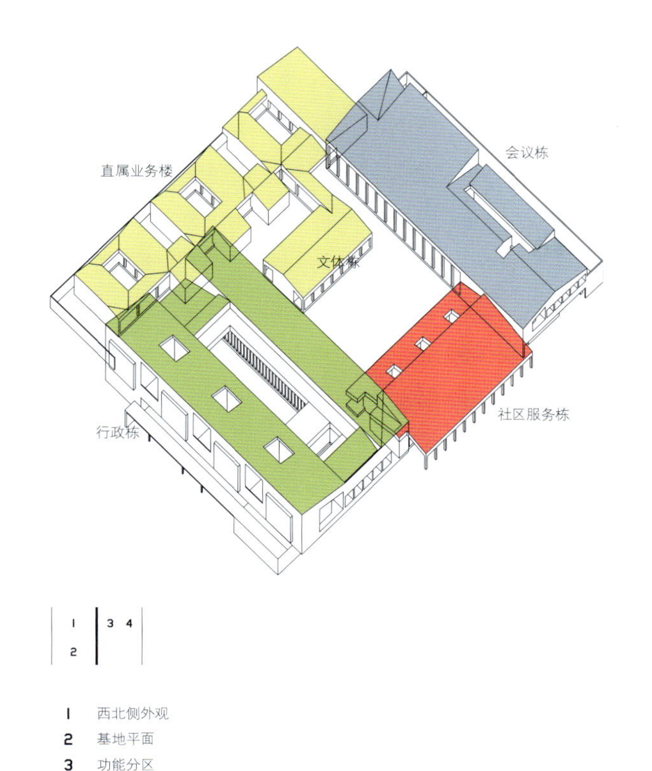

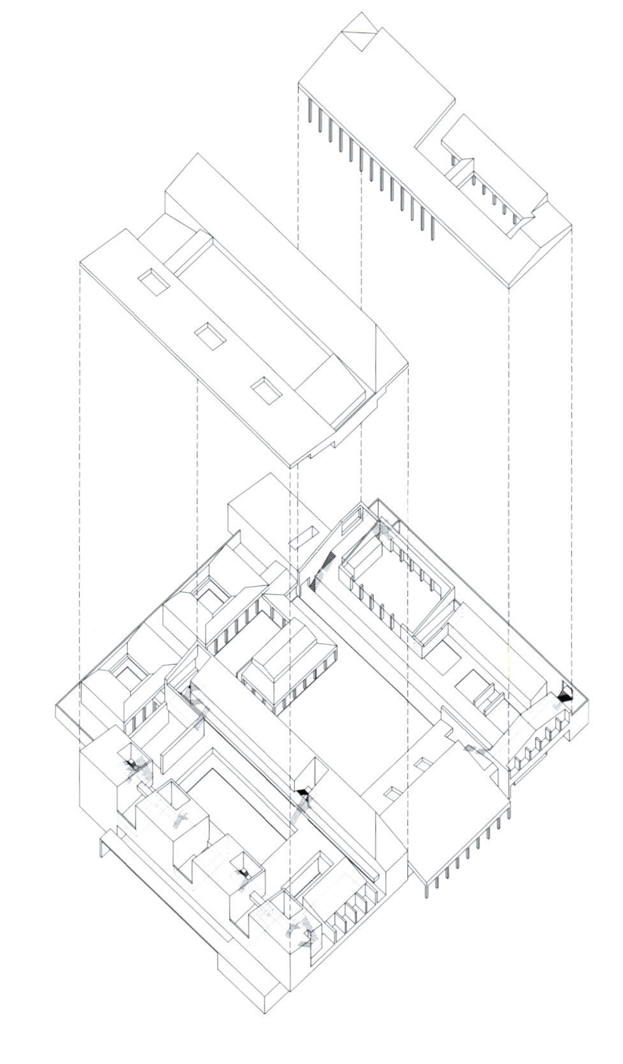

1 西北侧外观
2 基地平面
3 功能分区
4 轴侧图

现实：限制下的创作

ID 政府大楼与普通的办公楼有什么区别吗？

张 政府大楼是有固定模式的，比如有“四套党政班子”这样的说法，即在很多政府大楼的主楼里就应该为市委、市政府、人大以及政协这样的部门设置好空间，这些都是和目前的行政架构息息相关的，如果跳出这个架构做文章的话，最后都是不成立的，业主也势必让你更改你的设计。当然也有例外，比如安德鲁在成都设计的行政中心就是当地政府作出巨大让步的结果。他的六瓣莲花造型的离散式貌似自由，却是不符合我们国情的，虽然地震过后并没有作为成都市行政中心使用，即便真正投入使用也会带来很多问题。政府的行政中心就和我们的家庭一样，有着自己的组织架构模式，这是我们所不能去改变的。

ID 你的设计看上去与你提到的这些传统政府行政中心也很不一样，你是如何满足这些政府行政中心的硬性指标呢？

张 相对市政府和省政府等这样大型的机构，镇政府可以说是最基层的级别，但即便如此，使用者也会有他自己的考虑，我要做的就是平衡镇政府的想法与我们重构江南这两种想法。

南侧是体量较大的三层两进办公主楼，底层局部架空，令两进间的入口前庭向广场开放。上部两层高的环通敞廊形成主楼的空间骨架，而南进上部则由四个独立办公单元与三个空中花园间隔形成小尺度的空间肌理。与业主沟通时，我告诉他们，这四个独立办公单元环境比较好，是给四套党政班子使用的，最终确实如此，最东面的小楼是书记用的，第二个是镇长用的，第三个是人大和政协用的，还有一套是另外一些重要部门在使用。但是与传统行政中心建筑的区别是，我们并没有用象征化的手法去强化与表达这种行政架构，而是用这种模型来消解正面的连续体量。三个空洞中的庭院里会有绿化生长出来，并且可以在庭院中看到天空。作为建筑师，我们并不能忽略使用者合理的要求，只是要将他们不够智慧的要求剔除掉，而去结合他们相对合理的部分。

ID 当地人觉得这是他们当地的房子吗？

张 我自己并没有用一种“天外飞仙”的态度来处理这个设计，但也许，对当地人来说，我的这个设计也不是最初他们想要的房子，因为对他们来说我的设计看起来有点土。他们并不认为土的就是好的，他们喜欢的是城里那些新事物，但事实上他们也离不开成长的土壤。新和土在某种意义上是完全割裂的，很多建筑师在设计乡下房子的时候都希望达到全球化与乡土化的结合，我认为不必理会这种乡土－全球的二元视野，最直接的方式，就是做一个在这个地方可以存在的房子，而这恰恰在一开始得不到当地人的理解，我认为文化断裂主要的原因是乡村社会目前已经趋于瓦解，无论是农民、普通百姓，还是官员或者是新富阶层，他们都没有文化自信，总是希望学城里的样子，从而摆脱“乡下”。回到这个项目而言，这只是一个普通的项目，并没有像青浦前期的新建筑时期那样，有很多特别的政策措施来任建筑师天马行空，我们需要面对业主，面对练塘镇政府这个最终使用者，我们能做的只能是以我们自己的诚意去打动他们，劝导他们不要一味放弃真正属于自己的东西。

ID 这是为中国现代建筑寻找中国性的方法？

张 我们的社会文化仍存在断层，建筑学和社会生活比较脱离，可以共享的价值观念比较少，民众也始终处于缺乏文化自信的状态，建筑学中国性问题的解决其实有赖于整个社会文化自信的获得，这不仅是个学科问题，更是个社会问题。作为一名建筑师，我觉得能意识到这个问题就好，我只要在我的实际工作中坚持自己的价值判断，对得起自己就可以了，我也无法去预知那些宏大的结果，这需要几代人的持续努力与探索。

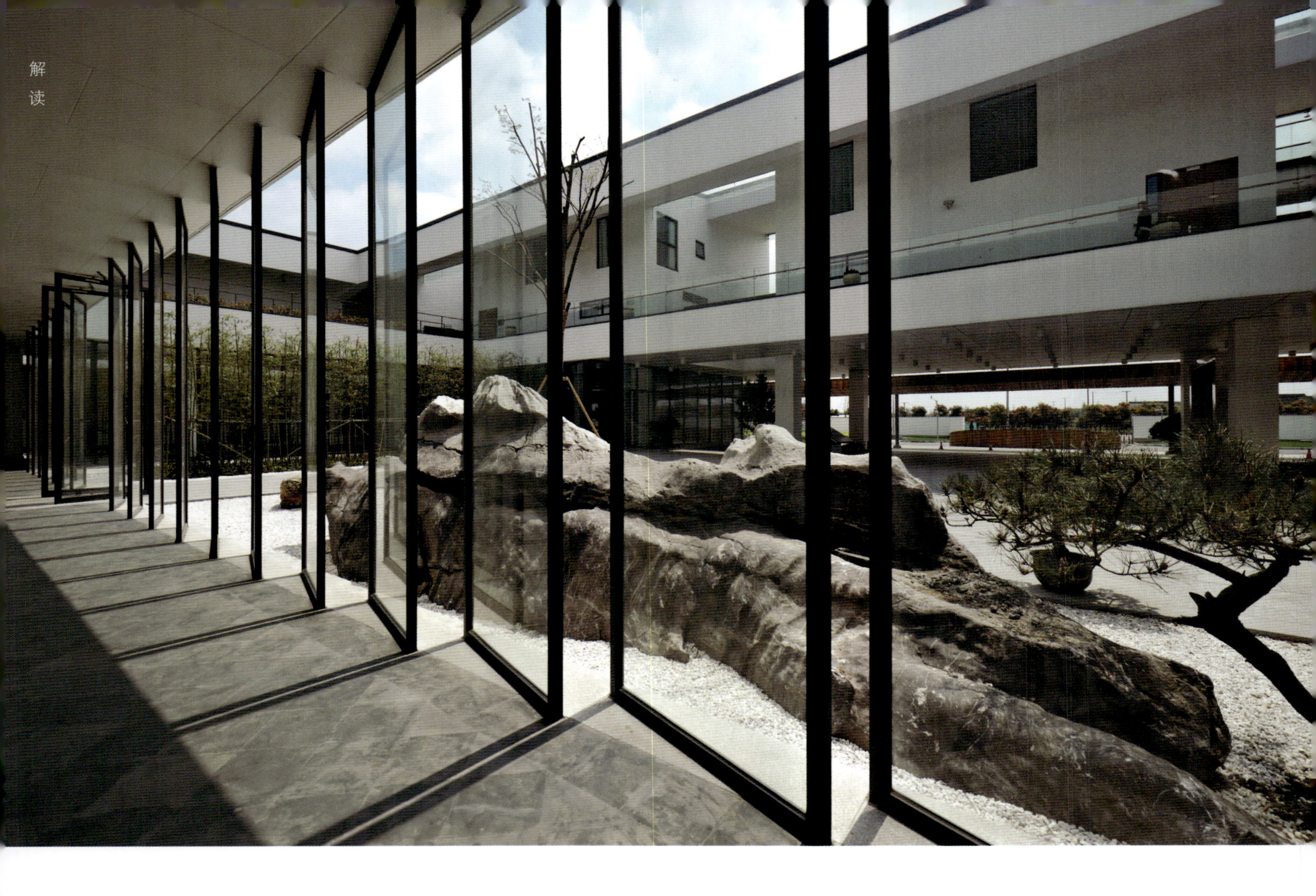

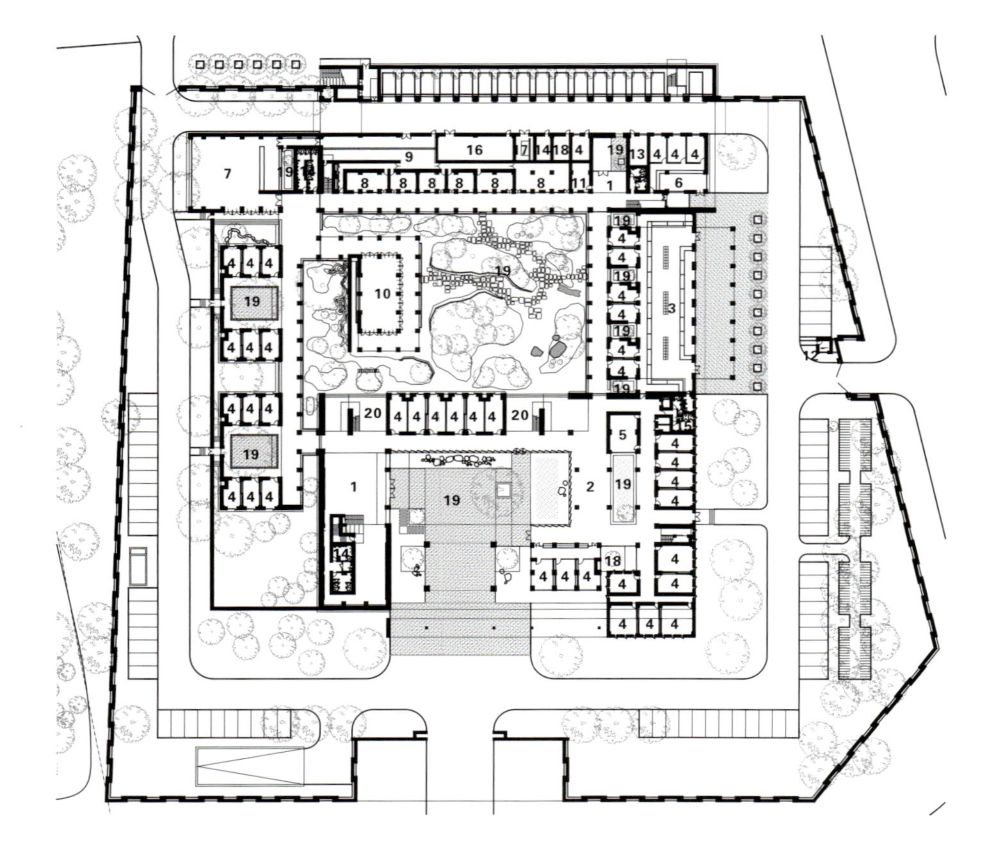

1	3
2	4 5

1 行政楼前庭
2 一层平面
3 行政楼庭院
4 二层平面
5 三层平面

1. 门厅 Entrance Hall
2. 展廊 Gallery
3. 社区服务 Community Service Center
4. 办公室 Office
5. 会议室 Conference
6. 信访接待 Public Reception
7. 大餐厅 Canteen
8. 小餐厅 Dining Room
9. 厨房 Kitchen
10. 文体活动 Multifunction
11. 司机 Driver
12. 门卫 Guardian
13. 消防控制 Fire Control
14. 储藏 Storage
15. 卫生间 Toilet

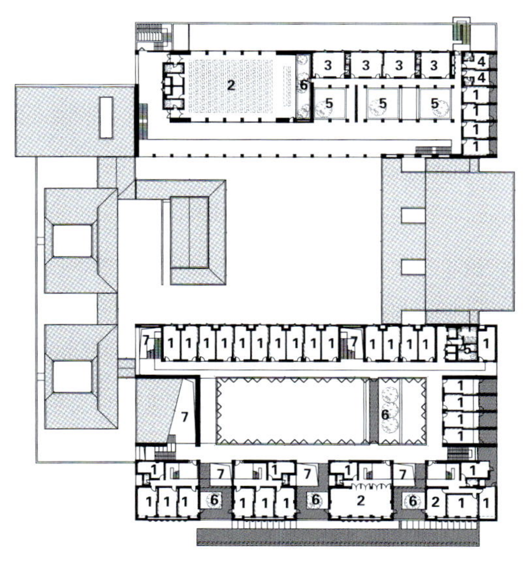

1. 办公室 Office
2. 大会议厅 auditorium
3. 会议室 Conference Room
4. 值班 Duty Room
5. 卫生间 Toilet
6. 庭院 Courtyard
7. 上空 Void

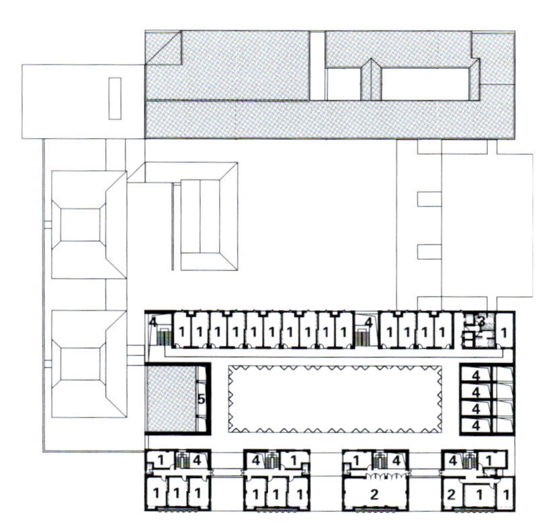

1. 办公室 Office
2. 会议室 Conference Room
3. 卫生间 Toilet
4. 上空 Void

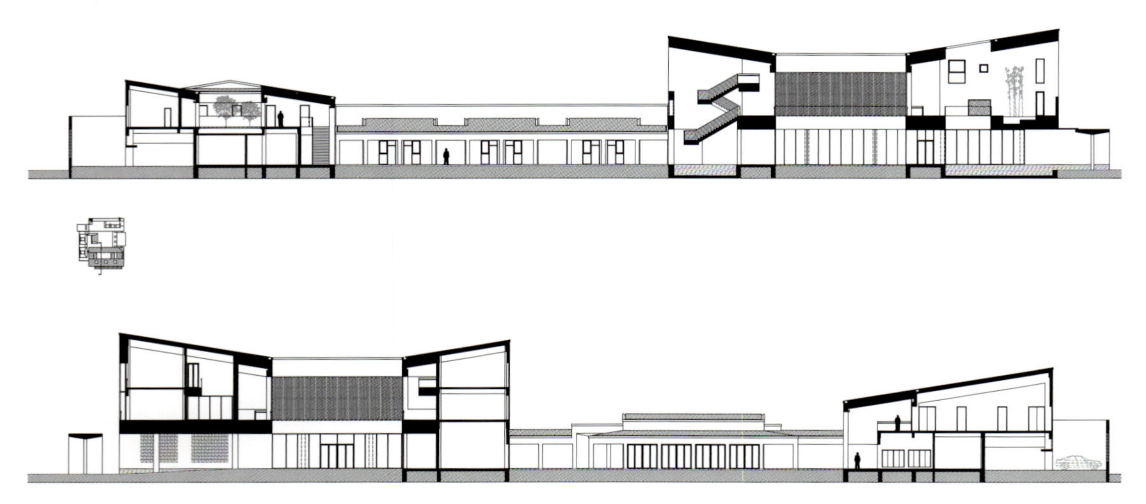

1-2 剖面图
3 侧庭院

行动：建筑实践的博弈

ID 这个项目的方案阶段一直与业主有着很好的沟通，实施过程是否很顺利？

张 也不是，前期的过程中我们就一直用诚意说服业主，同时也不断地妥协。比如我希望这个房子能有比较大的开放度，南面的三层楼是办公部分，围绕着一个开放的内庭院，底层架空，上面完全开放。房子主要的门并不在正面，而是将庭院的侧厅作为门厅。镇长们开始对这种状态非常不理解，认为应该在建筑的正中开门，并且最好对称。幸运的是，我们最终说服了他，这并不是一件非常容易的事情。但比如我本来想在环廊外围做一层可开启木百叶，这样可以遮阳挡雨的，空间上也比较有意思，有一个活动挂面的效果，镇里也觉得不错，是他们熟悉的那种传统挂面的变体。我们连施工图都出好了，但是镇里最后觉得太贵了，不愿意花这七八十万去做这个木百叶。虽然我知道加上木百叶的效果会更好，但面对这种实际情况，我也心平气和地接受了。

ID 后期配合的状况呢？

张 这个项目的后期很累，毕竟与镇政府之间还是有隔阂，他们的态度是礼尚往来，认为我们是规划局派来的，他们并没有意识到建筑师可以真正为他们解决问题。项目正式动工后，我就一直战战兢兢，套用句玩笑话，建造开始后，我就开始拯救自己的设计了。当然，我并不执着于施工质量，很多小的变形我都能够理解，但很多关键性的节点在没有征询过我的意见时，他们就自作主张地动手了，很多本可以预防的事情，往往最终都弄得很僵。我尽量去争取修改一些关键性的部件，有一次我甚至已经说："重做的钱我来出，这两三万元从我的设计费里面扣。"最后，他们不好意思了，只好改过。但也有很多地方是我无能为力的。

ID 你个人对最终的结果满意吗？

张 这个项目虽然不大，但拖的时间很长，花了四年多时间，才竣工不久。为了控制最终的完工质量，我还送了景观的施工图给镇里。开始的时候，镇上说没有资金做室内，我想这也好，不做太多修饰也挺好的，但后来由于种种原因，镇政府找了与我们合作的配合设计单位给他们做室内，这也导致了这个项目的室内存在严重问题。我觉得建筑和景观都还行，对所有的室外、半室外空间，我都着意控制了，但至于那些电梯厅贴的墙面、窗帘的选择等等，我都无法控制。对于景观，我们开始的想法是在设计中一定要有水，让庭院活起来。但镇长坚决反对，认为管理水需要很多额外的人力和物力成本，如果管理不善的话就会非常脏。既然他明令禁止，我们就用白石子的枯山水手法替代了原本的实体水。但是竣工后，镇长和书记觉得楼梯间的两个池塘如果有水会更漂亮，希望能有倒影的存在，他们准备引入真水。我觉得这就是个意外的收获。

ID 除了对室内的不满意，在这个项目中还有什么遗憾吗？

张 建筑师与使用者无法共享话语体系仍然是个很大的问题，且在敏感的小政治环境下，对建造的过程都产生了阻力。虽然我们已经与最终的使用者镇政府沟通，但我们也不知道，社区服务中心这部分并不归镇政府管，竣工后，他们自己就打印了一个很难看的大招牌挂在门口。由于制作粗制滥造，破坏了整个环境，我努力找过镇政府、规划局等各处的负责人，最终都没有解决这个问题。其实，如果事先能够和我沟通的话，我就会在空地上给他做个竖向的牌子，这样又不难看也达到了他的目的。但这样的状况其实就是现实，建筑师很难面对最终的使用者，虽然建筑师自身有信心解决这些问题，但却没有这个机会。其实，我并不反感那些非常苛刻的要求，我觉得那样反而能让我去分析和解决问题。

ID 镇政府最终对这个房子态度如何？

张 他们对整体的架构还是满意的，有次我碰到他们的书记，他说很多人现在过来看过都觉得满好的，觉得外表看起来很朴素，但是里面很漂亮。虽然现在的建筑外形并不是他们所喜欢的，他们觉得这个大的坡顶轮廓线土土的，和乡下的房子差不多，但是他们也在慢慢接受它。作为基层的政府行政部门，他们并不能去选择那些太过于铺张的建筑，而现在的房子尺寸完整的正面亦是种朴实的选择。当我站在公路边，隔着白墙黛瓦的零散村落和大片茭白地里的稀疏树丛看这个房子的时候，我觉得它与我最初的设想是相符的，它坚实安稳地落在了那片场地上。尽管崭新落成，也不显得特别新。而我们用青砖铺的屋顶已经长出青苔，以后再长点草籽之类的，就会更加与环境相融。END

1 3 / 4 / 2 5	6 / 7

1 行政栋2层连廊
2 行政栋楼梯间
3 会议栋北部楼梯
4 会议栋北部停车位
5 会议栋北部走廊
6 主庭院
7 行政栋楼梯

大唐西市博物馆

DA TANG WEST MARKET MUSEUM

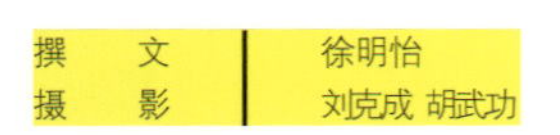

撰　文｜徐明怡
摄　影｜刘克成 胡武功

地　　点	陕西省西安市碑林区劳动南路1号
设计单位	西安建筑科技大学建筑学院刘克成工作室 陕西省古迹遗址保护工程技术研究中心 西安建筑科技大学建筑设计研究院
建 筑 师	刘克成、肖莉、樊淳飞、吴迪
占地面积	7500m^2
总建筑面积	34000m^2
设计时间	2006年12月～2007年12月
竣工时间	2009年9月

作为东方文化的代表城市，周秦汉唐中华民族的盛世都在西安这块古老的土地上。可以说，西安是许多人心目中的中国圣地。但在貌似经济发展速度很快的状态下，文化遗产保护正遭受着危机。

近些年，越来越多的人意识到危机的存在，这个依附着宏大历史背景的城市也正开展着“古城复兴”计划，多项重大的遗址保护工程的开展亦成为了城市复兴的重要环节。正因如此，建筑师也担负着非常重要的责任，设计师们正以多种不同的姿态积极投身到实践中去。

在这股洪流中，我们不可绕过的是张锦秋先生的作品，她的唐风建筑在某种意义上奠定了古城的基调，而刘克成正是近年西安建设中不可忽视的一股新兴力量，这位根系深植于本土的设计师多年来正以自己的视角来解读西安，并以现代建筑语言来延续西安的文化，创作出系列西安的新建筑。

相对西安其他的遗址保护项目，大唐西市博物馆显得比较特别，这是个由房地产开发商投资建设的国内最大的遗址保护项目，博物馆就建在西市东北角十字街街心遗址之上，这处十字街遗址正是此前考古发掘的重点区域。凭借这些历史留下的种种痕迹，千年之后的我们虽然无缘亲眼目睹西市的繁华，却可以重温那段盛唐时光。在采访中，刘克成始终强调的也是“对话”二字，“与历史对话，与现实对话”这样简短的语言其实也回应了他对建筑的态度，他认为，这些由历史形成的遗址是不可移动的，虽然我们过去对它非常轻视，但今天，作为建筑师，就有责任将这些都挖掘出来，让人们在空间中与历史形成对话。

西市博物馆身处大唐西市项目之中，该项目整体呈九宫格局，除博物馆部分外，其余均出自张锦秋先生的手笔。与唐风对话也是刘克成作品的特点之一，之前的星巴克旗舰店项目就以另一种姿态形成了钟楼的景观之一，他以一种幽默而尊敬的方式与古老的钟楼形成对话，而此次，他亦强调与大唐西市其他建筑之间的“和谐”关系，只是他所谓的和谐带着些建筑师特有的智慧。

素来钟情于数学计算的他，在这个项目里找到了基本的模数，并以此为着力点与其他建筑形成关系，三角形的折板屋面与周围的斜屋顶形成了和谐的关系。整座建筑在正方体的基础上进行切割，屋顶附以刘克成特有的折面语言，加上钢架、玻璃和夯土肌理的石材贴面，使得建筑取得了丰富的立面效果。整个建筑看起来虽然很碎，但是由于手法统一，只在局部稍做变化使整个建筑并不显乱。

ID =《室内设计师》
刘 = 刘克成

策略：还原大唐西市街道

ID 可以谈下西市博物馆的项目背景吗？

刘 西市博物馆是大唐西市项目的一部分，我们介入博物馆设计已经是很晚的事了，当时张锦秋先生已经完成了整体的方案设计。由于项目基地位于唐代西市遗址之上，按照国家相关法规，在中国科学院考古所的要求下，必须在动工前进行考古工作，而考古队确实在考古过程中发现了一些东西，其中包括十字街遗址以及其他一些遗址。社科院考古所就向国家文物局打报告，明确提出要保护这个遗址。在这个过程中，文物部门、考古专家与甲方，也就是大唐西市有限公司进行多次协商，最后大唐西市的负责人吕总下了个决心，要保护一部分遗址，并在遗址上建造一个遗址博物馆。其实，在发现遗址前，张锦秋先生的方案已经完成了，她设计了一个新的九宫格局。唐代西市的原貌大致是 $1km^2$，新的西市格局体量是它的九分之一，就是说原来如果是 1km×1km，现在大致是 300m×300m。在这个基地里面，其中一个地块是要保护十字街遗址，并打算建造遗址博物馆，考古学家提出的基地大小为 15m×20m。因为我们做的遗址博物馆比较多，所以张锦秋先生和西市考古专家安家瑶先生把我们推荐给甲方来完成西市博物馆这个部分。

ID 对你来说，这次的设计策略是什么？

刘 我们在分析了整个项目后，向甲方提出了几种可能性：第一，新的小九宫与老九宫完全不是一回事，我们不能因为建造了新的九宫而忘记了唐代真正的九宫是什么样子。唐代的九宫其实是个比新九宫大九倍的市场，如果抹去这点，这就是种损失；第二，建立在这样的前提下，在这个选址上，我们究竟应该以什么方式将唐代九宫显示出来？我们认为建筑设计所保护的范围及展现的遗址内容远大于文物专家和甲方最初要求的范围，这样的空间根本看不出桥和街的关系，如何将桥和街的关系在遗址博物馆中呈现，这对这座博物馆的设计来说是非常重要的。

ID 这个基地面积与目前落成的博物馆面积大小有很大出入，为什么？

刘 我在思考的是博物馆能不能以一种全新的方式来呈现。因为大唐西市是个统一的开发项目，整体的商业项目其实是想模拟唐代西市的市场。其实，这点在我看来，就是博物馆的一种模拟展示，其中有一部分是针对遗址，这是种现在的市场与历史的市场的对话关系。这点其实是非常打动人的，对企业主来说，打西市这张文化品牌，就有了真正的含金量。建造的这个博物馆不仅仅是座博物馆，也是座城市客厅，博物馆内能有很多商业活动，这些都可以提升整个商业项目的价值。业主接受了我们的意见，所以这个项目由一个大致不会超过三四十米见方的很小体量的博物馆，扩展到了一个街坊，成为新西市九方中的一方。现在的用地大约为 100m×100m，基地面积接近 1 公顷，这就是个很大的突破。我们将原来西市的街道比较完整地保留了下来，并在新的博物馆中与得以显现。也就是说，遗址嵌到了这个格局中间，新的部分也寻找到了与它之间的关系。

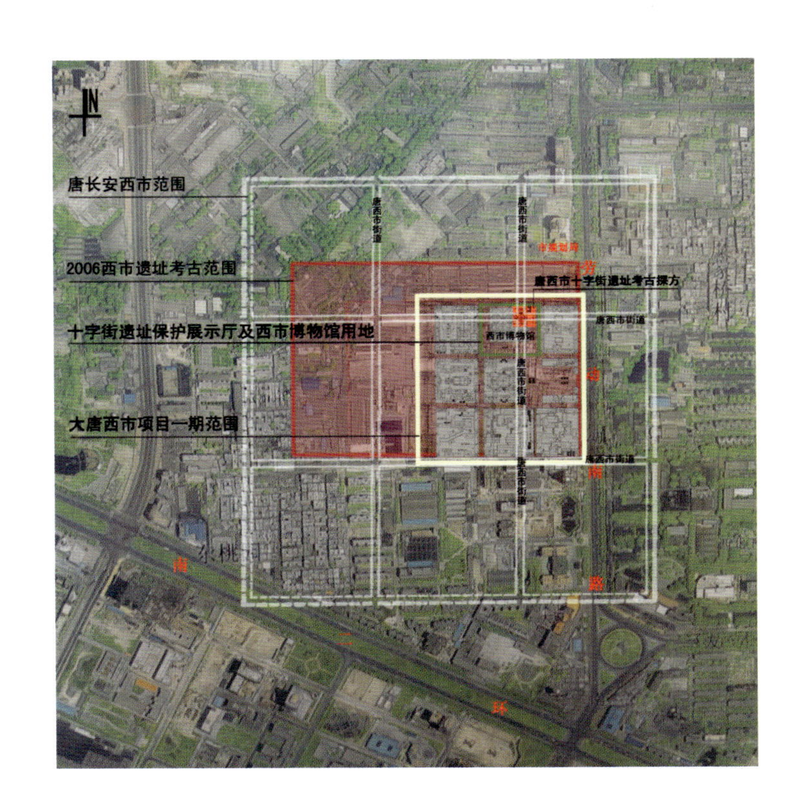

1 外立面
2 入口处
3 区位图

1 西市博物馆与周边建筑关系
2 模型

实践：幽默的双重对话

ID 你是如何处理博物馆与新西市其他建筑的关系?

刘 其实在发现遗址前，张锦秋先生就已经有完整的设计方案，而且她有比较稳定的创作视野与道路。发现遗址后，作为总规划师与总建筑师，张锦秋先生的观点是认为既然有真的遗址存在，博物馆就不必去考虑唐风风格。而我在接手这个项目时，第一件要做的事情就是研究张锦秋先生已经完成的方案，这是一个不能回避的背景与前提，博物馆与新西市其他建筑的关系必须是和谐的，我没有想过这个博物馆会以不和谐的面目出现。

ID 什么是和谐? 考虑仍然沿袭其他建筑唐风的形式吗?

刘 和谐是可以有多种方式的。如果是要做唐风的风格，张锦秋先生自己就可以完成，正是她认为不必以唐风形式出现，才会让甲方找到我们，何况我也不做唐风的建筑。在体量上，尽量与张锦秋先生设计的其他建筑保持一致与和谐是我们的前提，所以我们将张锦秋先生所有的建筑屋顶及其体量，做了个尺度分析，在张锦秋先生新唐风的西市里面，屋顶有着多种形态，有比较大的坡顶也有较小的坡顶，还有平顶，我们在立面分析了模数，12m 是平均模数，如果博物馆以 12m 体量进入，实际上就会与周围建筑和谐，这其实就是个模数分析的结果。

ID 前面你提到要在博物馆中重现唐代西市的街道格局，您是如何呈现的呢?

刘 这是博物馆与历史之间的对话，为了真实地呈现历史，我们也对隋唐长安城、隋唐闾坊、皇宫等格局进行了分析，分析的结果都是典型的最严谨的棋盘式格局，在某种程度上，隋代的宇文恺就是把方格网布局进行到底，甚至一直进行到细节。张总的大唐西市方案其实也是继承了这样一个传统，格局上仍然是九宫。对我来说，当我找到了这个模数时，我也将这个基本模数——12m×12m 以及棋盘式格局一直进行到建筑细节，我将其一直分割下去，这样也形成了简单而清晰的建筑平面，而这其实也是这座博物馆的逻辑与语言。我为每个 12m×12m 的体块之间都留出了 3m 宽度的缝隙，建筑的实际高度并不相同，从 1 层到 4 层不等，我有意识地按照切削的方式形成高低错落，这样体块以及体块与体块之间的缝隙就形成了空间的节奏。我认为其实人荡漾在街市中是个很有意义的行为，而实际上，我们现在走在街道中时，室内与室外，街道与街区之间的关系就是以前西市的样子。街道的空间才是博物馆最主要的空间，而体块只是其次的，体块只是为了形成这样的街巷关系。

ID 西市博物馆的外立面很朴素，前面你提到大唐西市本来是非常繁荣的，这之间有矛盾吗?

刘 所有的考古证据都表明，西市当年的商业可能是繁荣的，但是西市的建筑都是非常简单的，这里可能不能用“简陋”来形容，只能用“简单”这个词。当年西市建筑的体量都不大，多数都是小商店，门面的面宽都在 1 丈到 3 丈之间，建筑立面都是夯土墙，以自然石做柱础，这都表明当年商人的地位并不高，这一结果与中国历史上一系列人物的研究都是一致的。也就是说，西市的建筑与我们所熟知的唐代庙宇建筑并不一样，与唐代宫殿建筑也有很大差距，张总在做设计时，已经注意到这个问题，所以大唐西市的其他建筑体量亦相对自由，建筑漆也避免使用红色，表面使用表达原木质地的浅赭色漆，这些都与大唐风貌以及大唐的宫殿建筑区别了开来。对我来说，我既然已经回避掉了唐代的建筑样式，只是在体量上通过层层叠叠的关系来表达唐代历史记载的繁荣；其次，既然以前西市的建筑都使用夯土材质，我何必再去寻找其他材质呢，这个混凝土饰面的大体感觉很像夯土。

ID 谈谈西市博物馆的参观路线吧。

刘 这个参观动线很清晰，顺着唐代街道，我们做出了门厅、大堂，然后可以走入街道，进去后再进到一个个展厅。不过最终室内展陈设计让其他的装修单位弄了几次，都是甲方和馆长的意图，这与我当初的设想差别满大的。

ID 与你之前要表达的效果有很大差异吗? 还是仅仅是一些细节施工问题?

刘 有差别，完全是另外一个东西，现在博物馆室内装修成了一个普通的博物馆。在博物馆领域，展陈设计大多单纯采用人工光，并使用一个个陈列柜陈列一样一样东西，这样的做法削弱了场景感。

ID 有没有想过自己来完成室内，让室内外完全统一?

刘 之前这个方案的室内找了意大利一家的事务所 N!studio，我相信如果实现他们的方案的话，西市博物馆将会更加精彩，不过由于种种原因，最终并未实现，我也能理解甲方的许多难处。我也不好对这次展陈设计的设计师多加评判。其实，全国的博物馆室内设计都是这样，对同一件事情，每个行业的视角不同，而博物馆的建筑设计与展陈设计的分裂是普遍存在的情况。展陈设计是个独立的圈子，建筑师很难去控制。END

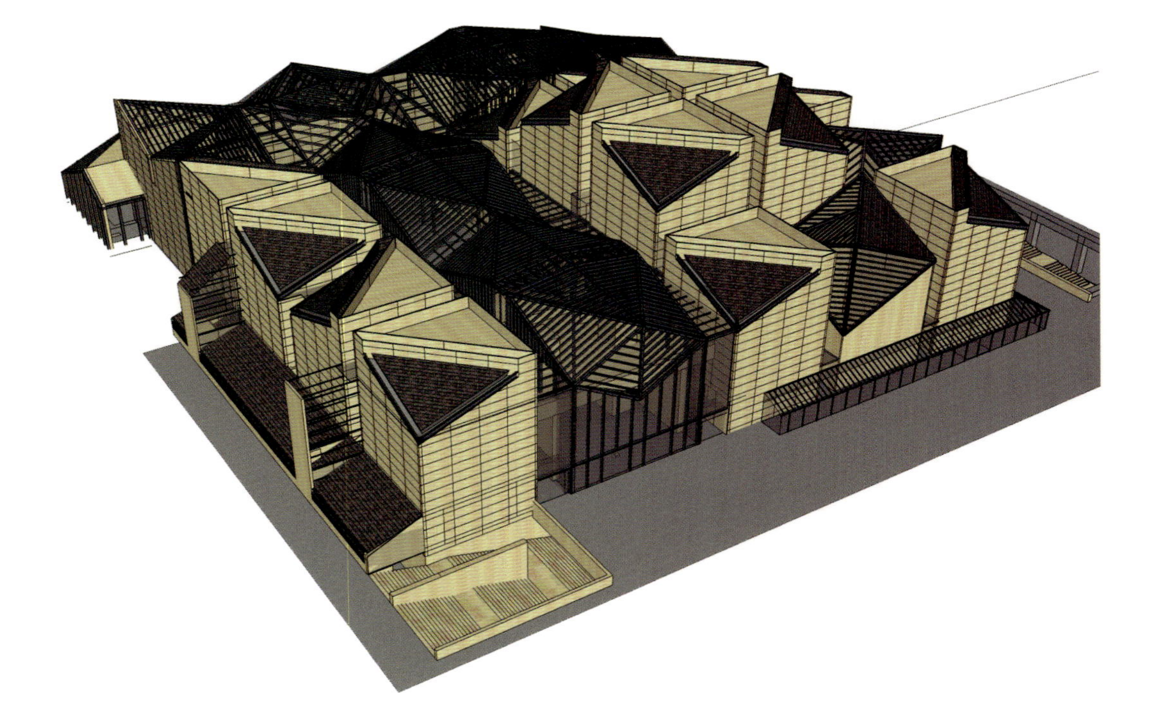

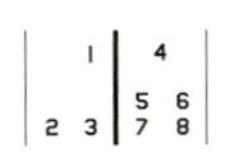

1 模型
2 总平面
3 屋顶平面
4 屋顶局部
5 西立面
6 东立面
7 北立面
8 南立面

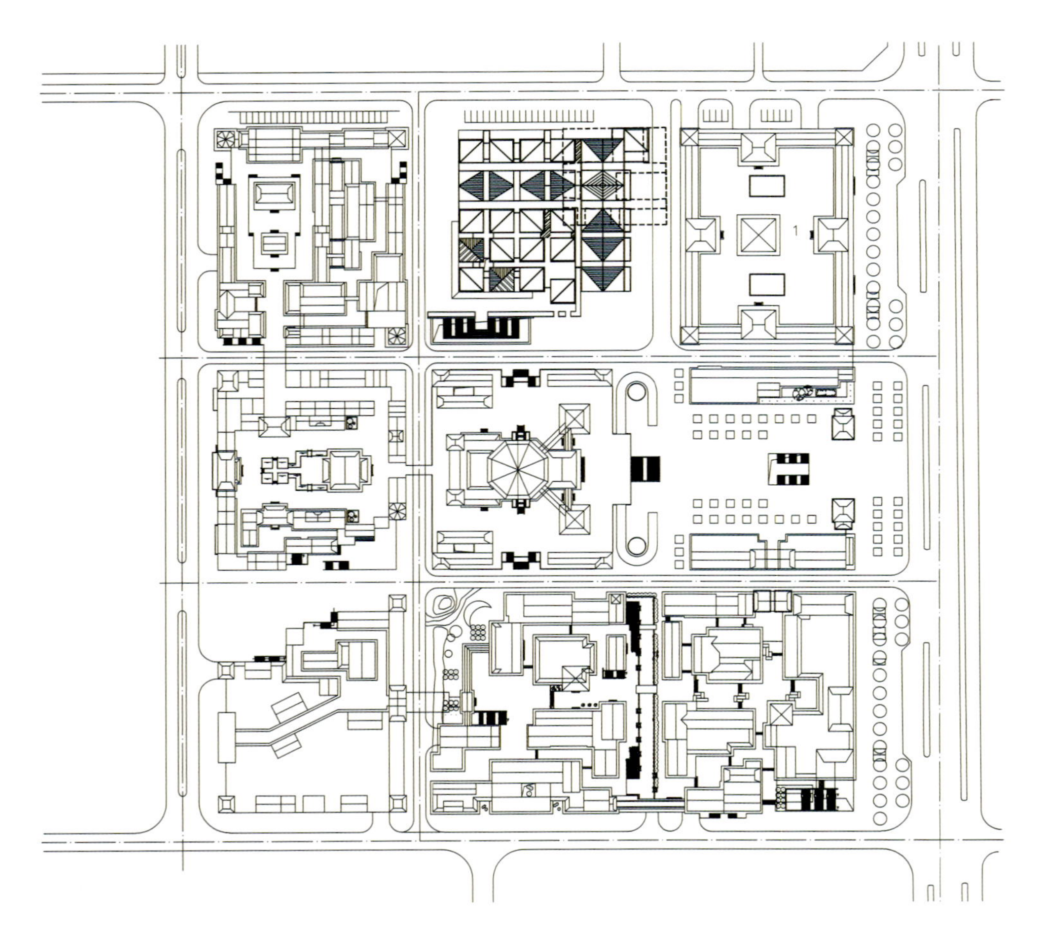

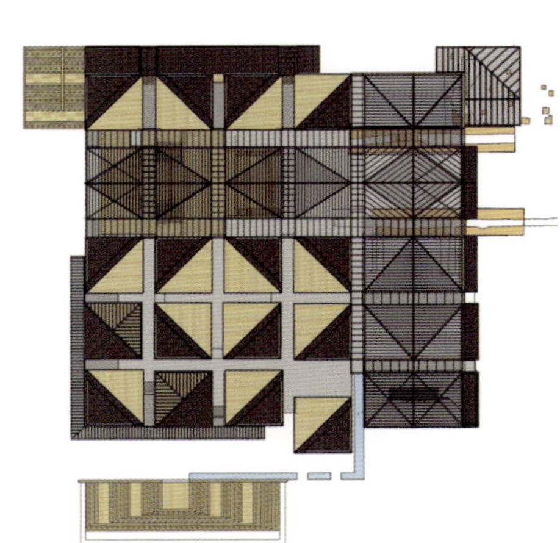

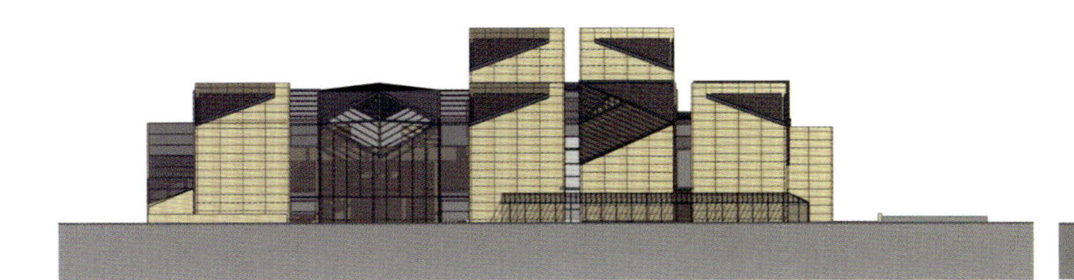

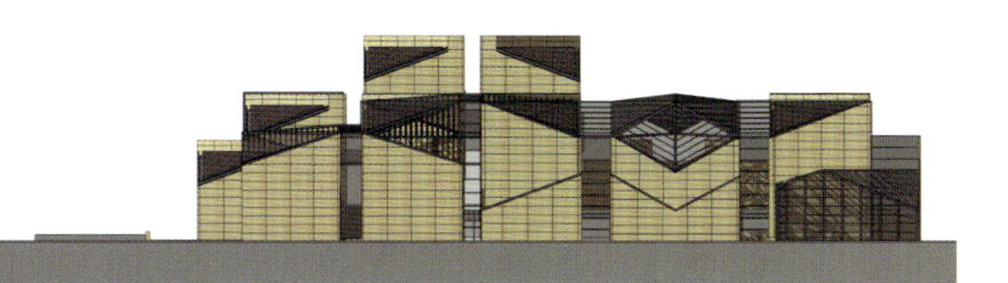

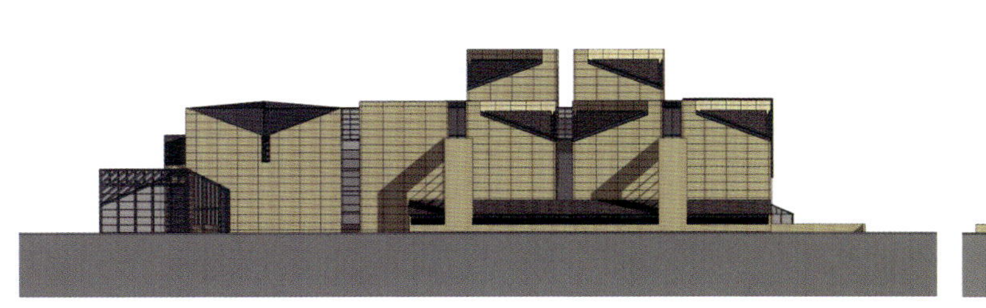

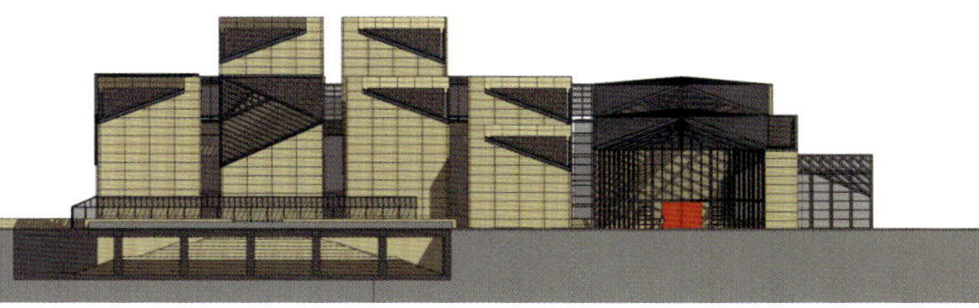

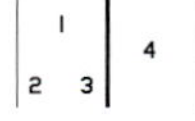

1-3 外立面
4 室内局部

国际古迹遗址理事会（ICOMOS）主席 米歇尔·佩塞特题词
“大唐西市是丝绸之路的起点，它不仅是中国的，
世界的。大唐西市博物馆为中国文化遗产保护提供

Tim Zebrowski 谈美国酒店设计

撰　文 | 卫霖
资料提供 | Zebrowski Design Group

虽然经历过一场金融危机，眼下国内的酒店业还是呈现出一派繁荣景象。大大小小的豪华酒店、度假酒店、设计酒店乃至商务酒店或卷土重来、或全新启动，与之相适应的，是从事酒店室内设计的设计师们愈加忙碌起来。Tim Zebrowski和他的Zebrowski Design Group在美国酒店设计业从业多年，声誉甚隆，本期我们便邀请他来分享在美国和世界其他国家从事酒店设计以及与业主和酒店管理集团合作的经验。

ID 请简单介绍下 Zebrowski Design Group 的背景。

Tim 好的。Zebrowski Design Group 从事酒店设计已经有快20年了。我们的客户包括东方文华、洲际、希尔顿、费尔蒙、丽思卡尔顿等知名国际酒店集团，项目内容涵盖酒店新建及改造、酒店附属餐厅、会所设计等各个方面，作品遍及美国本土和加拿大、日本、东南亚、中东等国家和地区。

ID 一般来说你们做设计的流程是怎么样的呢?

Tim 通常我们首先会与业主或者是酒店管理方开会讨论他们的需求，根据需求来确定空间安排及室内格局。在确定室内格局的同时，也要整理出设计概念。一个酒店设计首先要厘清一些基本的特质元素，因为餐厅和大堂、客房的设计当然是各不相同的，但是它们作为酒店的组成部分，放在一起必须要呈现出整体性。

空间安排和基本的概念设计大概会持续 3 到 6 个月。这一基本概念将会贯穿整个酒店的各个区域，包括客房、餐厅、公共区、会议区、多功能区等等。我们会出一系列的立面图和效果图，来让客户了解到我们的设计方向。下一步我们就把相关资料提供给室内建筑师，他们去做一些文本归档立项的工作，而我们则将设计进一步细化。这个过程大概要持续 3 个月左右。接下来就是家具、照明、布艺、艺术品等软装方面的设计，根据酒店规模的大小大概会用去 3 到 6 个月的时间。最后就是施工阶段了，也是根据酒店规模的大小会有所不同，一般是 18 到 24 个月。在施工阶段我们要紧密跟进施工进程，确保施工质量和进度,并且依据外部条件的变化随时调整设计。这整个一套流程完全是按部就班的，通常不会因所在地和业主的不同而打乱常规。总体来说，施工之前的设计阶段平均要八九个月。

ID 在设计阶段您觉得哪些环节比较重要?

Tim 在整个流程中，最重要的是最初的概念设计。概念设计所决定的是整个设计的方向，其后的各个环节都要遵循这个方向发展。在这个阶段，你要花时间去思考这个酒店所独有的特质，思考各种设计手法、各种物料搭配的可能性，以及如何使设计与众不同，如何令管理者更易于管理。我了解到中国的一些业主可能不太乐意把时间投入到这种看似漫无边际的思考中，他们希望快速出结果，觉得这样可以节省成本，其实忽略了深思熟虑的设计最终所带来的长期效益和欠缺考虑的设计会带来的损失。

对于那种客房数量超过 250 间的酒店，我们还会建议他们做一个样板间。我们觉得这也是很重要的，样板间可以完整地体现完工效果，对于设计、示范及市场宣传都有帮助。当然，要做这个也要花时间，大概要两三个月，要在整个设计流程中预留出这个时间。另外，立项、询价之类的工作也是比较耗时的,但有助于成本利润最大化。当然，如果业主实在不愿意花这些时间，我们也只好找其他途径来解决这些问题。

ID 在项目后期您觉得有哪些需要特别注意的事项?

Tim 对于我们来说，各方面进度的协调是十分重要的。我们要看各种材料样品，比如壁纸、窗帘地毯、家具、工艺品等等。因为这些材料往往是需要定制的，那么制作加工以及运输都需要时间，可能还要反复打样以保证最后的成品不出纰漏。如果没有估算好时间，就可能导致室内装饰布置的延误，从而拖慢整个工期。因为总是有很多项工作在同时进行，日程上的协调安排是出不得差错的。

ID 您在世界各地做设计都遵循相似的流程吗?时间长了设计会不会有趋同化的问题?

Tim 流程基本相似，当然有些程序可以被精简，不过不同国家、不同地区的设计结果总不相同。即使在同一个城市，我们为不同品牌的酒店打造出的风格也是各不相同的。而同样的品牌，在不同的社区环境中，风格也应有所不同。有些社区较为传统，而有些则现代气息十足，我们希望可以令客人体会到不同社区的特质和内涵。

ID 您会特别关注酒店所在地的文化特质吗?

Tim 当然。比如今天我们在上海看了两个酒店，规模差不多，柏悦就比较国际化，而璞丽更有东方风情，两家都做得不错，各有各好。另外，酒店的气质往往也与经营者有关，比如凯悦集团就比较国际化。设计师就是要帮助业主或酒店管理者实现他们对酒店的设想，在满足功能的前提下，其具体风格或国际化、或区域化;或简朴、或奢华;或正式、或休闲，都无可厚非。

ID 如果说设计师主要是帮助传达业主的想法，

ID =《室内设计师》

Tim = Tim Zebrowski

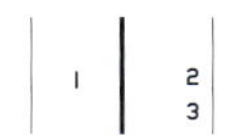

1 美国加州 Mark Hopkins 酒店

2-3 美国亚特兰大洲际酒店

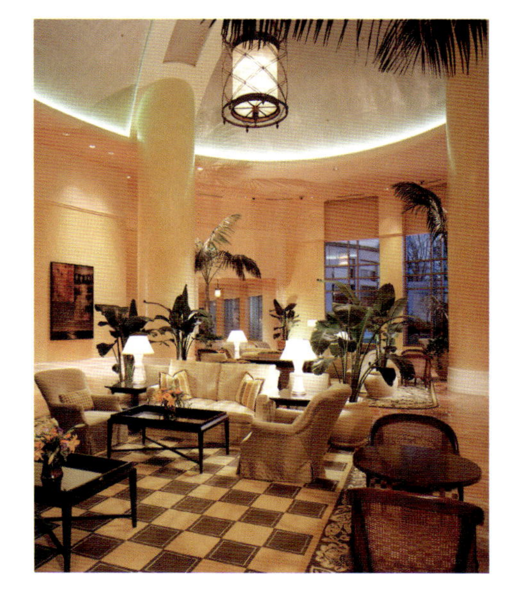

而且我们也知道酒店设计往往要遵守一些特别的行业规则，那么是否可以说酒店设计较少感性和浪漫？

Tim 是，也不是。也要看酒店的特质，比如一个浪漫的度假酒店其设计就必须要富有浪漫气息，而家庭式酒店则要有趣，商务酒店要便于商务活动。我觉得一个好的设计师应该会因势利导。我知道有一些设计师会有自己特定的设计风格，不管在哪儿、做什么样的设计，都会打上他自己的烙印。我不是这样。我认为做酒店设计还是要考虑到当地文化、环境和业主、管理者的情况。我之所以喜欢酒店设计就是因为我喜欢融入到不同地方的风情氛围中去，并且把当地的风情和传统工艺应用到我的设计中去。我们确实是要满足业主的需求，但是业主不是设计师，他们只是提供某种简单的倾向，只有通过设计师，才能把这种倾向更完美、更恰当地表现出来。

至于一些规则和限制，都有其存在的道理。做任何设计都会面临功能上的要求，比如办公楼也有办公楼的一套标准。其实做酒店设计还是有很大的自由度的，带给客人更多惊喜和新鲜感也正是我们工作的一部分。我个人比较偏爱有规矩可循。住宅设计，虽然设计师可以天马行空，业主也一样可以，他可能无须任何理由，只因个人喜好而改设计，有时甚至会拖很久，设计师对此也毫无办法。而商业建筑往往都有一套标准和规矩，业主不会有很多莫名其妙的要求，更不希望拖期，所以我非常喜欢酒店设计。

ID 我注意到您事务所的很多项目是更新和重装的项目。

Tim 是的。美国近十年来酒店行业已经非常成熟，新建的空间不是特别大。更新项目是我们的主要业务，令一些老旧的建筑重新焕发光彩，也更适应当前时代的要求。我们的项目中度假酒店略略多于商务酒店，这也是美国酒店业发展的一个趋向。我想这些对于中国酒店业未来的发展趋势也会有一些可资借鉴之处。

ID 我们知道您的事务所已经在着手进入中国市场，那么您认为你们的优势在哪里呢？

Tim 中国市场是一个非常令人激动的市场，我们很乐意参与到这个市场中来。我们将会与深圳厚夫设计合作来进入中国市场。我们负责概念设计和深化方案，跟进重要节点并在软装方面提供意见。目前有很多本土及海外的设计师活跃在中国设计行业。我想，我们的优势首先在于我们有较多高端酒店设计经验，熟悉酒店管理集团的要求和规范模式，还有比较丰富的FF&E 资源和系统方法为酒店的品质感提供进一步的保障，而与本土设计机构的合作会使概念设计之后的一系列环节运行更为顺畅。厚夫设计有多年的本土设计经验，具有把握高品质设计的技巧和将其消化落地的经验，所以我们的合作可以兼顾国际和本土，在设计施工跟进等各环节均有较强的控制能力，以使最终呈现出的作品在各方面都保持比较高的水准。我想，这对于业主、顾客和我们来说都是有助益的。

ID 最后可否根据您所了解到的情况以及与您从业多年的经验谈谈您对当前中国酒店设计的观感？

Tim 我对中国的情况还不能说了解得很多。在上海我走访的一些酒店给我的印象都相当不错。这些酒店的业主有本土的也有国际集团，设计师往往是来自海外。我发现从业主到大众对酒店的期望都越来越高，我看到一些本土设计师做的餐厅、会所，也都很有天分。我相信这其中蕴藏着巨大的潜力。美国的酒店业约是从上世纪 80 年代开始快速发展并成熟起来的，我们可以看到，同样的事情现在正发生在中国。中国可能是当前世界上酒店业最为活跃的国家了。行业越发展，经营者也就越来越多地意识到了这个行业的风险——不是说投入的钱越多就会越成功，而是要把钱花在该花的地方。从市场来说也是这样，现在也许还可以只是造出这么一个空间就可以了，但是五年以后、十年以后，这个空间就必须是一个高质量的空间才会吸引人。我们看着美国经历了这样的阶段，看着东南亚经历了这样的阶段，现在中国也在经历这样的阶段。END

1-2 加拿大蒙特利尔洲际酒店
3 美国加州费尔蒙酒店
4 美国科罗拉多唯一酒店

谈后现代主义设计手法在餐厅设计中的尝试

撰　文 | 周炜
资料提供 | 周炜

利用传统部件和适当引进新的部件组成独特的总体。……以非传统的方法运用传统，以不熟悉的方法组合熟悉的东西，这样就可以改变环境，甚至搞老一套的东西也能取得新的效果。

——罗伯特 · 文丘里 (Robert Venturi)

在设计界，无论是建筑设计、室内设计或是服装设计，有一条准则，那就是推陈出新是不二法则，新鲜有趣、令人耳目一新的设计作品总是受人欢迎。所以设计师总是需要不断地挑战与创新。当京沪两地的名豪新概念餐厅的设计同时委托给我们的时候，创新的难题和机会一并来到了。

自 2001 年以来，我们已经做了六家名豪连锁餐厅，这六家餐厅虽然分处京、沪、粤三地，但均以法式新古典主义风格为主基调。法式的新古典主义风格有别于英、美的新古典主义风格，究其根源来自于法式的洛可可风格，其线条纤细柔美，色调以白、金为主基调，充分体现了法国贵族沙龙文化的精致和高雅。新古典主义的特点则是将法式洛可可风格和古希腊风格进行了创新的结合，将部分曲线化作了直线，使风格更为秀丽简约。这种成熟的风格贯穿了前六家店，已经成了名豪的标志性风格。

然而时代需要创新，就如设计也需要创新，人们总是厌倦旧的面孔，服务业更是如此。名豪需要推出新的概念，京、沪两地的新店提出了新的课题：

1．如何结合当地的文化概念，体现地方特色，即北京店要有京味，上海店则要有海派风味；

2．如何在新风格中延续法式的文脉，不让老顾客觉得突兀而无所适从。

经过与业主深入的探讨和沟通，我们决定采用后现代主义设计手法重新诠释“法式典雅”这一主题，将现代手法与传统语录结合，给予新店以新的面貌，新的风格不是对旧有风格的颠覆，而是法式新古典主义的全新解读和超越。

一、文脉 · 主题 · 法式优雅

北京店地处繁华的金宝街，与王府井大街几步之遥，周边五星级宾馆林立，其客源主要为港台来京的游客，他们在餐厅进餐时会需要更多地感受当地文化，于是我们确定下的主题是“以法式宫廷舞台剧的形式来展示北京的烤鸭文化”。正如后现代主义大师文丘里所说：“我们要以不熟悉的方法组合熟悉的东西。”

在近千平方米的散座区的中央，我们做了一个充满法式宫廷风格的展示舞台。整个舞台用光洁秀美的雅士白大理石雕琢而成，舞台向三面展示，台内建造了巨大的烤鸭炉，客人们在就餐时可以如欣赏舞台剧般欣赏每只烤鸭新鲜出炉的全过程。舞台的两侧并列着两间玻璃大酒房，摆放着数万瓶法国葡萄酒，法式的葡萄酒和中国的烤鸭以后现代主义的面貌并列呈现给客人，令人感到新鲜有趣。

整个散座区将大部分餐椅换为舒适柔软的红色皮质沙发，使客人宛如坐在剧场椅中，去欣赏一幕精彩的演出。整个餐厅隐喻着一个主题：这是一个展示中国烤鸭文化的小剧场，带

1-3　名豪餐厅北京店室内
4-8　名豪餐厅上海店室内

着优雅的法式沙龙的装饰风格。

上海店与北京店有着共同的主题，展示中国的烤鸭文化，但展示模式却更有海派的时尚风格。上海店地处浦东陆家嘴金融区，其客源为周边五星级商务楼内的白领，针对这批客源的年龄层次和文化品位，上海店的风格更为简约时尚。

海派文化善于结合中西文化，兼容并蓄，锐意进取，是充满生命力及创新力的风格，我们用“蛋”与“巢”的形式来隐喻这孵化创新生命力的文化。在店堂的中央，取代舞台的是一个白色的巨蛋，从裂开的蛋壳中人们看到了烤鸭炉，隐喻着传统的烤鸭文化于海派文化之中得以重生。围绕“蛋”是有着强烈后现代装饰风格的香槟吧台及玻璃葡萄酒房，整个餐厅的气氛营造得如同时尚餐吧，人们处于其中，闲适轻松，不失优雅。

二、符号 · 隐喻 · 舞台布景

在北京店中，古典建筑符号被直接地、夸张地运用在设计中，无论是“展示舞台”还是“香槟吧台”都以爱奥尼克柱式、科林斯柱式及弯曲的卷花来加以装饰，比例是准确的，组合方式却是随意的。材料不仅有石材、玻璃、镜子，甚至还有不锈钢，这是一种后现代主义式的拼贴手法，以舞台布景的方式来展示法式装饰。暗灯槽内安装“紫”、“红”二色的极光灯管，使全场笼罩在迷幻般的舞台气氛中，顾客身处其中，既是观众又是演员，可谓自得其乐。

相对于北京店的亲切、热情的个性，上海店则用更为写意的手法来表达法式优雅的个性。线条柔和的蛋形灯和烤鸭炉与独具中国的山水画风骨的树枝装饰隐喻着“蛋与巢”的主题，场内布置的是具有法式洛可可风格的沙发，洛可可风格最主要的特点是纤细的、柔美的曲线组合，在这种风格中几乎找不到一条直线，沙发的腿浑像芭蕾舞演员的舞步，其选材来自于法国的白樱桃木，素净质朴，与之相配的是沙发的面料，均采用纯净的米白色棉麻制品，手感温柔舒适。西式的家具和东方的装置艺术装饰结合在一起了，在这里呈献给顾客的菜式有一个很好听的名字“写意国菜”。

三、色彩 · 质感 · 光线表情

两家店我们都在追求“纯净”的视觉效果。北京店因其“剧场”理念,采用了“白”与“红”的主色调，两种鲜明的色彩相互映照产生令人振奋的视觉效果。沙发座椅采用红色或白色的皮革，与暴露材料本色的设计相反，这些天然材质具有光洁的非天然的效果，夜场的极光更增强了这非真实性的“舞台效果”，令旅行中的客人得到梦幻般的感受。

上海店在浦东招商局大厦内，大厦的层高有局限性，梁底标高仅为 2.300m，因此装修上我们采用了暴露结构的方式，舍弃了常规吊顶。无论是吊顶或墙面均采用粉蓝色，粉蓝与象牙白是法式装饰中经典的色彩，柔和高雅，在这里名豪的老客人们似乎找回了老店的影子。材质上的选择更接近于天然的材质，米白色的棉麻和不上油漆的白樱桃木给人温暖的手感，隐喻着“蛋与巢”的主题。

综上所述，我们尝试着用后现代主义的设计手法对新概念店做了全新的设计，与其说设计风格产生了变化，还不如说经营思路的与时俱进推动了设计手法的更新。新的模式和风格是否成功暂无定论，但在设计过程中，我们体会到了新风格的创建并不是彻底颠覆旧有的风格，而是要从古典中找到脉络，找到根源，从而找到发芽的机会，结出新果。设计师摆脱了墨守成规，才能真正体验新的创作乐趣。END

测与绘

—— 记中国美术学院建筑系 1 年级课程测绘 II

撰　文 | 王飞

本文记录了笔者在杭州中国美术学院建筑系教授本科 1 年级的必修课测绘 II 的教学实验。建筑学的入门课程应该怎么教？这是一个很重要的问题，在各个国家各个学校都有不同的方式。在我所教授的学校中，有的以空间、场地、功能为起点，如之前发表的《维度 · 功能 · 城市——记密歇根大学建筑系课程设计 UG1》，还有笔者之前任教的一所美国学校以小尺度来训练，包括测绘机器、九宫格的构成、材料性、光线所塑造的空的空间、分析大师作品等。笔者本科所在的学校延续了几十年来的巴黎美院和现代主义的教学方式，花了一年的时间训练线条、仿宋字、立面渲染、立体和彩色构成等等，虽然训练了扎实的手头基本功，但是对学生的创造性和思维没有任何推动，可惜的是国内的很多学校依然沿用至今。

中国美术学院（以下简称“国美”）建筑学院的王澍院长希望能提出新建筑入门的教学方式。在国美，一年级有两个测绘课，我接手的是测绘 II，之前都是对测绘 I 的进阶，教授学生画平、立、剖、轴测、透视等，II 是对 I 的进阶，我们经过讨论，希望 II 能比 I 有一个思维上的进阶，而不单单是技术上的。

第一次拿到这个课题，从“测绘”一词的中文字面意思里，我想到了拆分的可能。测，首先要用“眼”来测，当然需要工具和身体力行的测量；绘，需要用“手”来画，当然也需要眼睛和大脑的控制。我们是否可以这么想：测绘就是测与绘，也就是眼和手的微妙的关系，两个密不可分。我们是否在很多 1 年级的训练中忽视了一者而过于强调另一者？16 世纪的著名法国建筑师和理论家 Philibert de l'Orme 在 1568 年绘制了这么两张图（图 1~2），一张是“坏建筑师”（bad architect），没有眼睛没有手，在慌乱的环境中迷失；另一张是“好建筑师”（good architect），3 只眼，4 只手，在非常美好的环境中悠然自得。他认为 2 只眼 2 只手对一个好建筑师是不够用的。20 世纪初著名的俄国艺术家、建筑师埃尔 · 利西斯基（El Lissitzky）1925 年制作了一张著名的照片拼贴，将拿着圆规的手和自己的脸重叠在一起，刚好手心的位置是他的右眼，题为“建造师”（the Constructor）（图 3），眼和手之间的关系不言而喻。我们的 5 周课程就以眼和手的关系为起点，分为 3 部分：拼贴（主观性）、轴测（客观性）、变形透视（感知）。

01

02

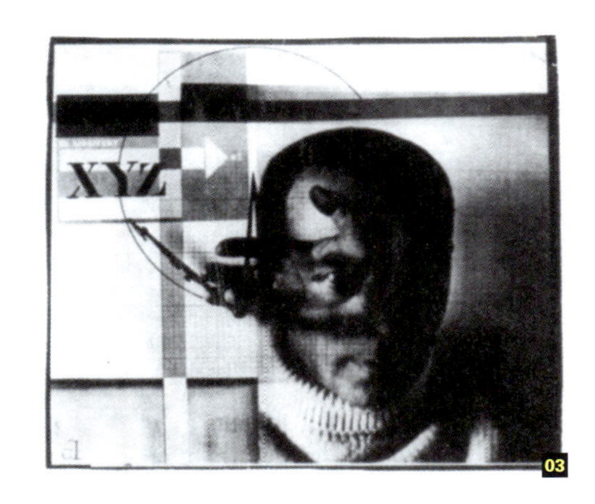

03

04

拼贴（主观性）（1周）

王澍院长设计的国美象山校区是一个非常独特的校园，建筑学院坐落于2期的中心部分，拥有4幢非常不同的建筑。第一个作业希望学生亲身走过、用眼睛观察发现自己感兴趣的地方，并用相机进行记录。成果是两张A1的图版，要求：1. 选择学校2期的一个室内或灰空间；2. 选择3个不同的时间在同一个位置进行拍照（早、中、晚、晴天、雨天等）；3. 选出25张打印出2套5寸的照片，不允许用photoshop；4. 将25张作空间拼贴，另25张作时间拼贴。（图4）

我们希望学生首先去理解空间的连续。三维不是一个简单xyz的数量，而是有质的，质随着每个人的不同而相异，随着走过看过的角度、高度、心情等会非常不同。空间也不是静态的，它随着时间、光线、天气的变化而改变。国美象山校区的独特环境恰恰提供了这样的实验条件。学生要做出有着不同时间的连续空间性与好似电影的叙事时间性。他们不能用photoshop，就是要靠手和眼来调整他们之间的关系。每个人会对同一个空间拍出不同的照片，即使拥有了相同的照片也会有不同的时间，即使再相似，每个人还是会有不同的拼贴过程和成果。用同样的25张照片做出两个不同的成果是希望学生能理解同样的原料可以有不同角度的思考，相似性才能衬托出更大的差异性和对比性，这是设计师必须具备的能力，后面的两个作业也有这样的相似性的训练。（图5-10）

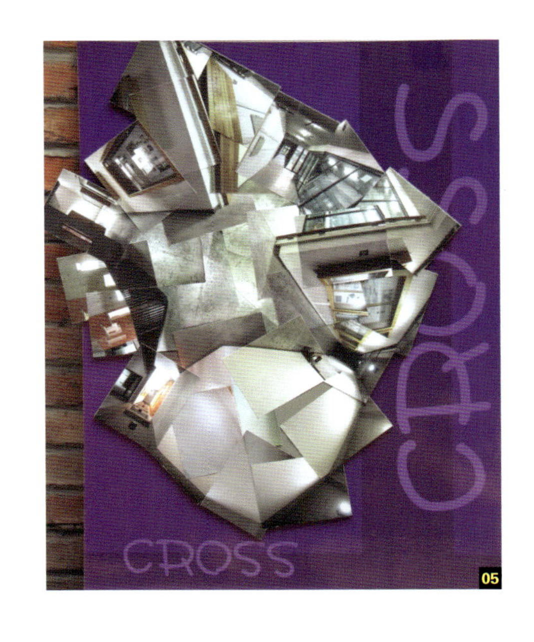

05

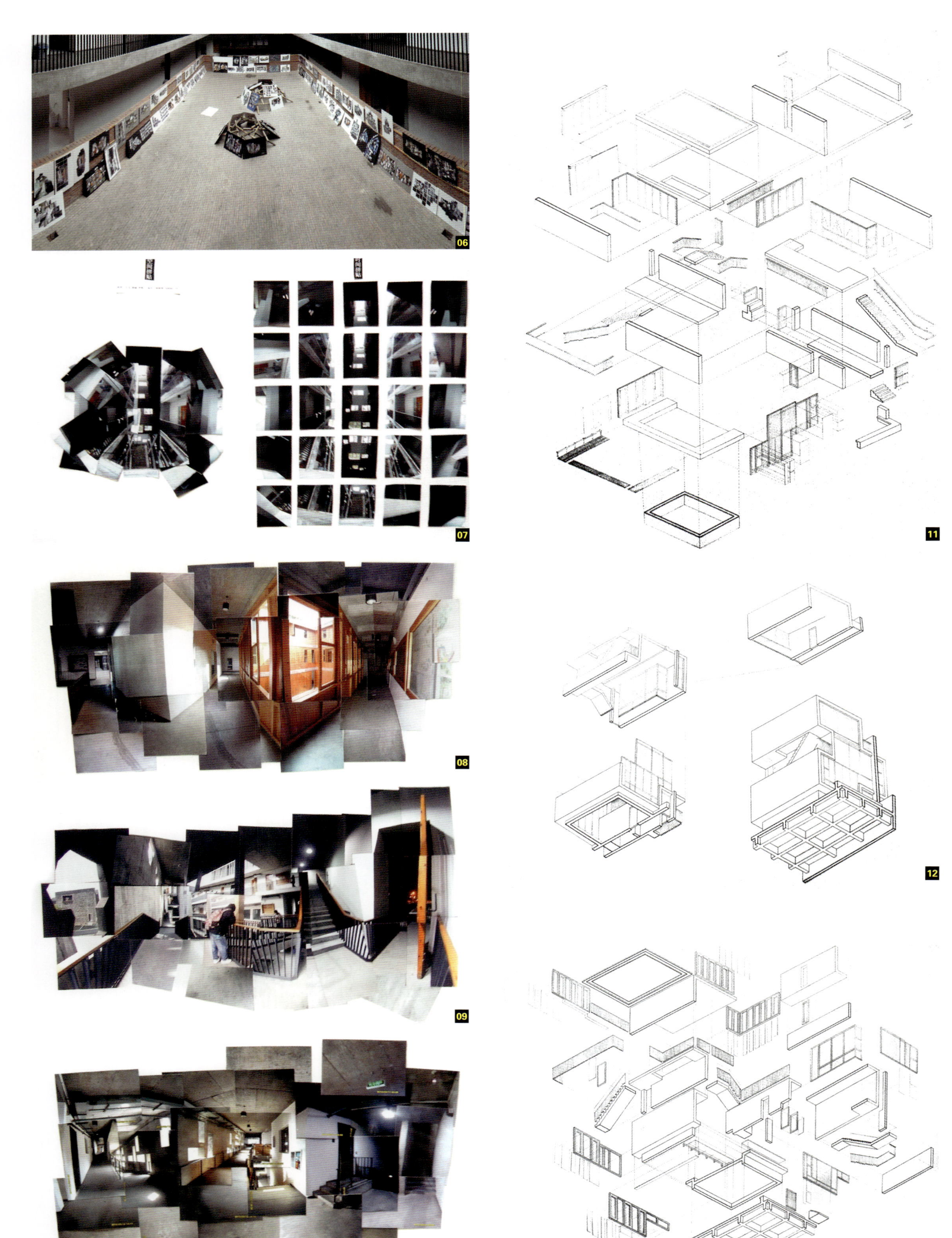

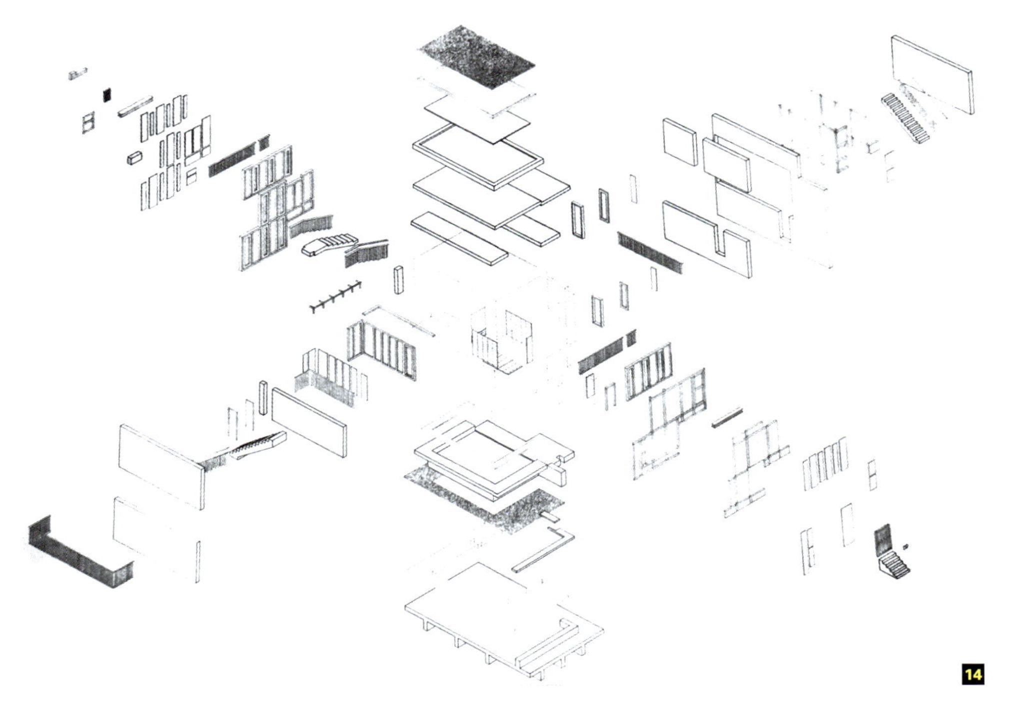

14

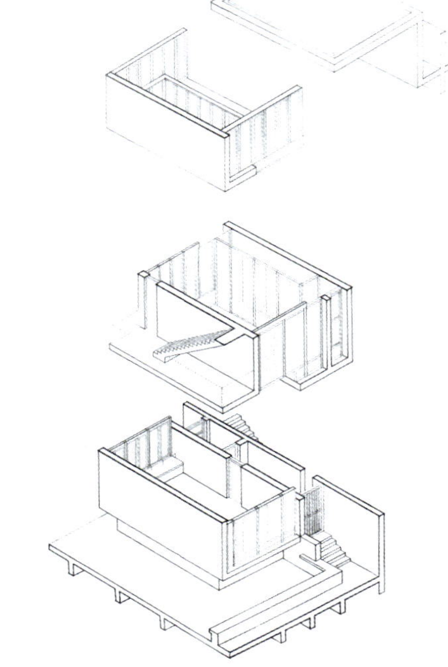

15

轴测（客观性）（2 周）

第二个作业训练学生对客观性的理解。我们选取了 3 个王澍设计的太湖山房，让学生 2 人一组进行测量和绘制轴测，要求 3 张不同的轴测：外观轴测、剖面轴测和分解轴测。轴测是非常精确的图纸，当学生们去测量的时候，他们需要测的是这不足 $100m^2$ 的小房子的任何一个尺寸，因为他们需要绘制剖面和每一个单独材料。建筑不单单只是关于外部形态和内部空间，也包括它的材料性和建造。这个作业训练学生对这若干元素和角度之间的关系，建筑不只是平立剖和效果图。很多学生也接受了挑战，画自下向上的“虫眼轴测”非自上而下的“鸟瞰轴测”。（图 11~21）

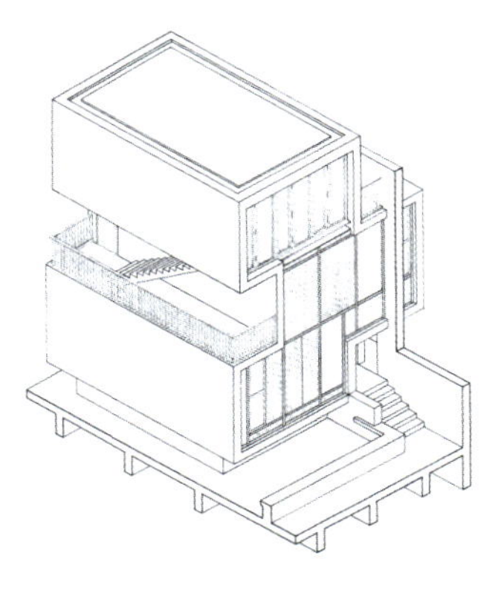

16

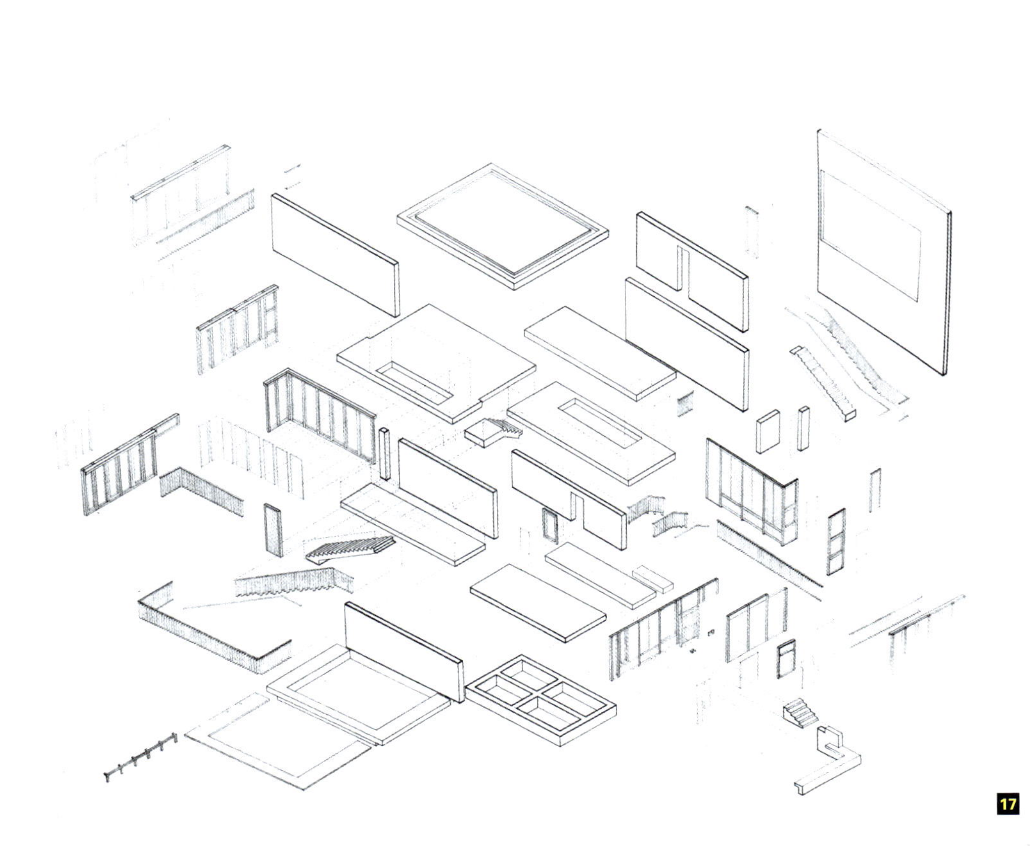

17

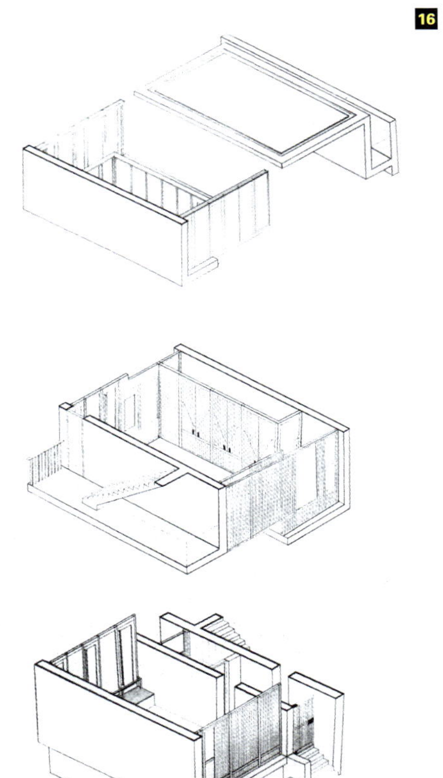

18

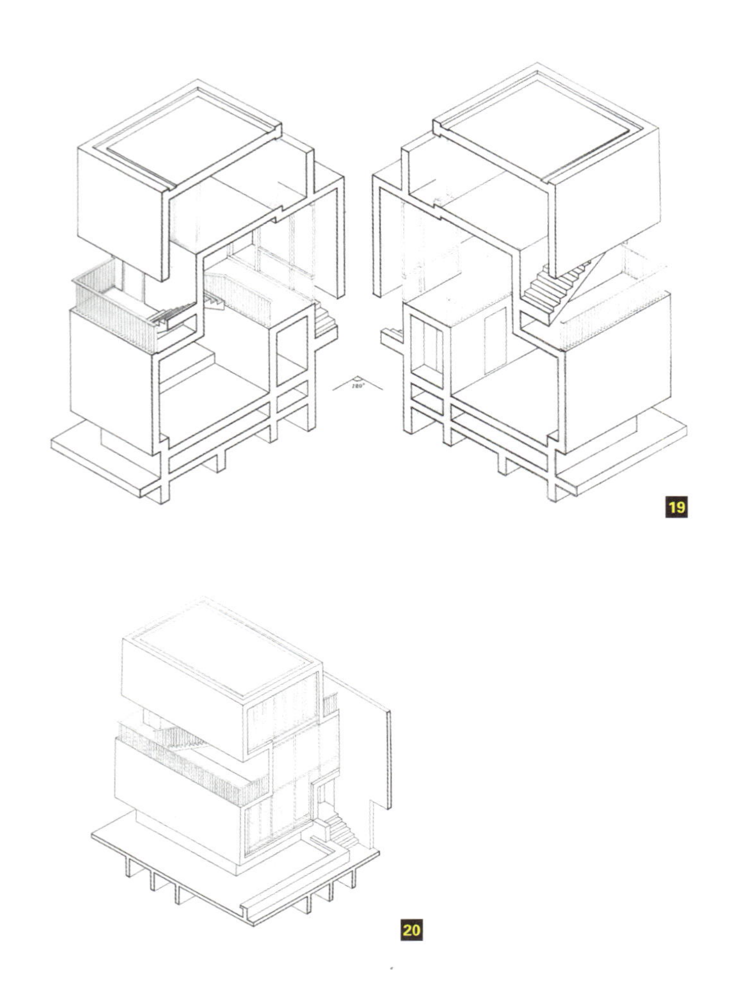
19

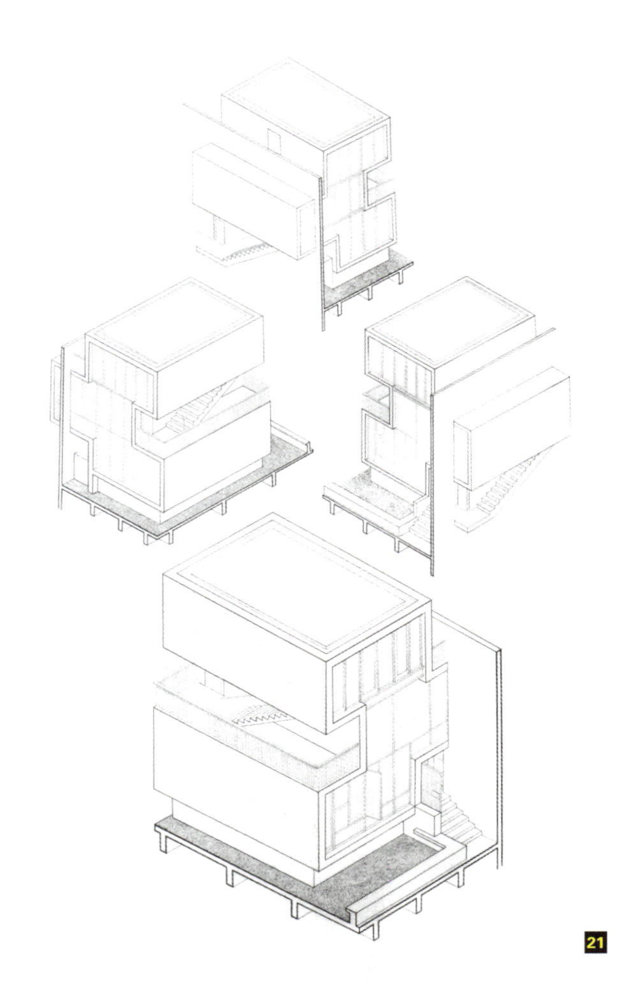
20 21

变形透视（感知）（2 周）

最后一个作业是关于透视的，但是也是反透视的，或者说是对透视进行批判的。变形透视（Anamorphosis）有两种，一种是斜视，是在一个倾斜的角度看到从其他角度看比较变形的透视图像，另一种是通过镜面反射而出现一个透视图像，通常是通过圆柱、圆锥镜面反射而成。

我们要求学生：1. 三人一组，选择建筑学院 4 幢楼的任一空间；2. 购买足够的红色、蓝色、黄色或（和）黑色胶带；3. 制作出适合此空间特性的变形透视。

首先我们希望学生之间能很好的合作，这三个作业每次的合作伙伴很可能不同，好建筑师也应该是一个非常好的合作者，这也许是 Philibert de l'Orme 的 4 只手 3 只眼的另一个隐喻。我们希望学生选择一个适合于他们概念的空间，或者选择一个他们感兴趣的空间，然后再出一个概念。他们最后的成果必须要有空间的特定性，也就是说这个成果不能放在其他任何地方，不希望学生只是作一个圆形、三角形放在任何一个地方，因为我们不是艺术系，我们需要理解空间和场所的特定性。（图 22~38）学生们需要重新思考什么是透视，视觉不应当仅仅只是 2 维平面上的，感知也非常重要。在制作过程中，学生们常常要将很多胶带贴得"近小远大"以补充透视的"近大远小"，以达到在某个点看上去线宽一样。整个的过程都是在"建造"，而且是 1：1 的建造，我们建筑师所做的设计图纸 99％以上都是 1：XXX 的，除了中世纪的某些在地面上 1：1 的推敲。但图纸仅仅是对建筑物的再现吗？这个作业从头到尾都是 1：1 的制造，不需要比例，有了缩小的比例，身体的感知就没有那么多共鸣了，这样，尺度就被突出出来了。学生们也必须一直在场地上进行建造，有时需要目测，有时需要激光笔的辅助，但是电脑和相机是没办法完全代替现场的。另外，我们画图大多将 3 维的"空间"画在两维的图纸上，又平面化了，这次也是让大家在 2、3 维之间穿梭，到了最后就不是 3 维了，是 4 维，还有时间性在里面（动态，光线，天气，季节等）。

通过笔者去年在西安建筑科技大学的图纸和再现的历史理论课的研究生教学以及对变形透视的实验的对比，对本科一年级的同学可能受益会更大，国美象山的空间复杂性也更适合于这种"反透视"的实验。

22

23

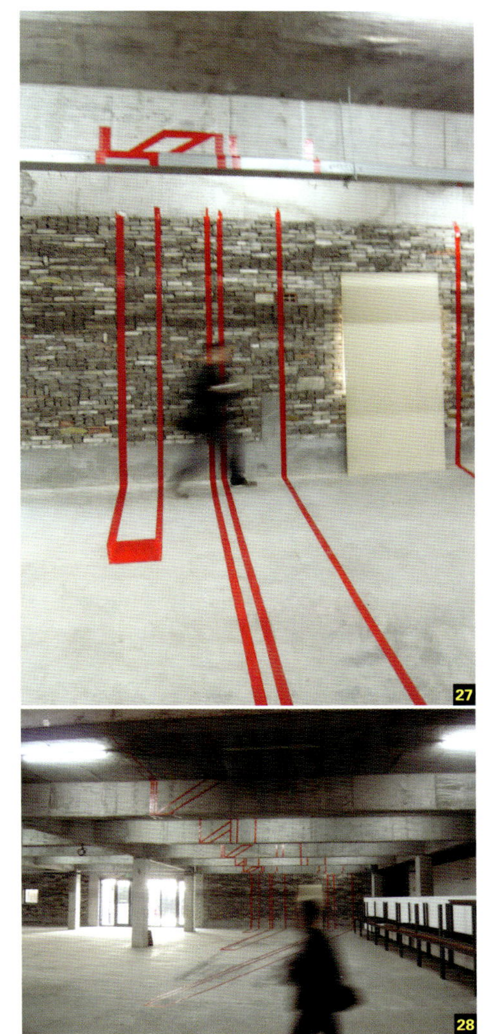

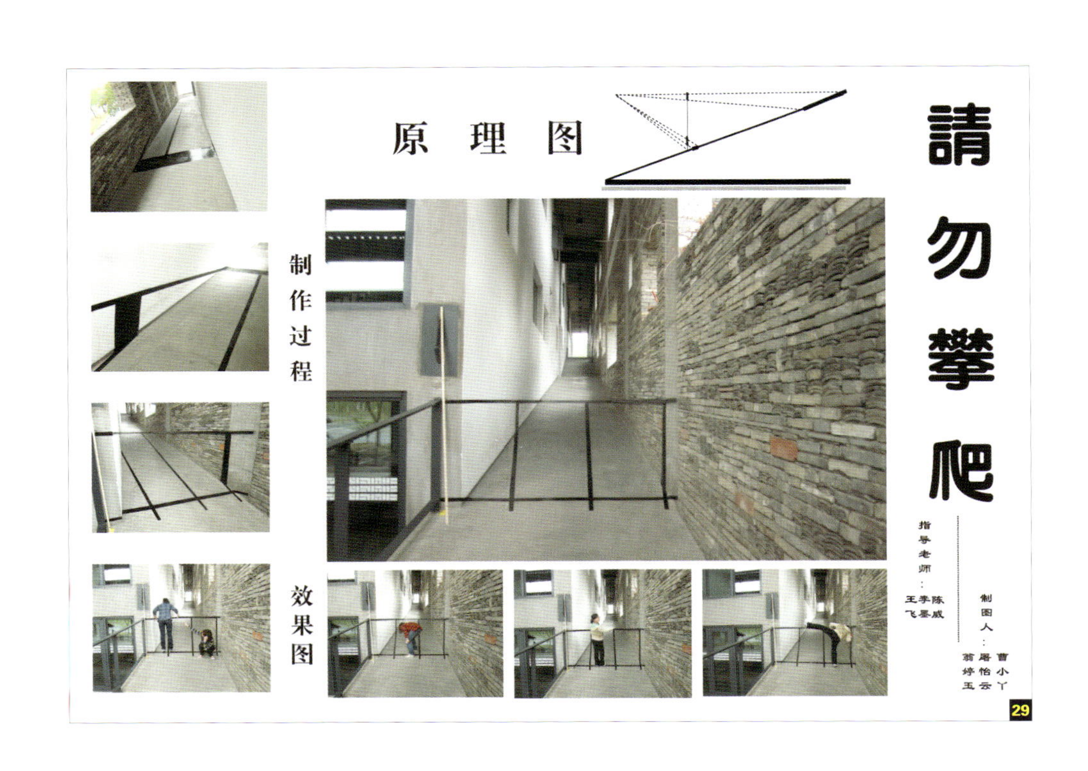
原理图
制作过程
效果图
請勿攀爬
指导老师：
陈威
李晏
王飞
制图人：
曹小丫
屠怡云
蒋婷玉

后记

有些朋友看到这个作业发了一番感慨，说这三个作业都可以作为单独的设计的入手，特别是第三个，足以作为一个学期或者一年的设计话题。这未尝不可，但是作为入门，要让学生首先觉得设计非常有趣，又可以把握，但似乎也非常深奥和奇妙，他们也有充分的亲身体验的机会，而不是先要完全技术的绘图训练或者高不可攀玄而又玄的"理论"。课程最后，每个学生做出来的东西都不雷同，大的方向却是一样的。我们强调学生对设计的热情、对感知的体验，训练独立和合作思考的能力，而非简单的绘图、排功能、做构成的技能。建筑设计思考更重要的是过程（process），而不仅仅是最后的产品式的结果（product）。

（感谢王澍院长的信任和支持，系办对场地的支持，陈威、李墨老师的合作，还有60位1年级热情洋溢的国美同学。） END

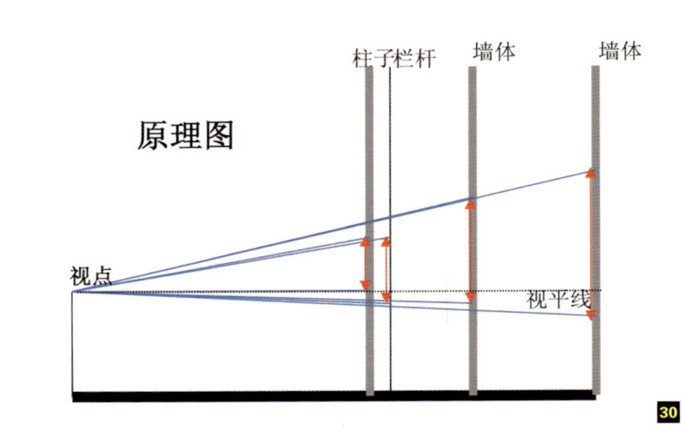

30

31

32

33

34

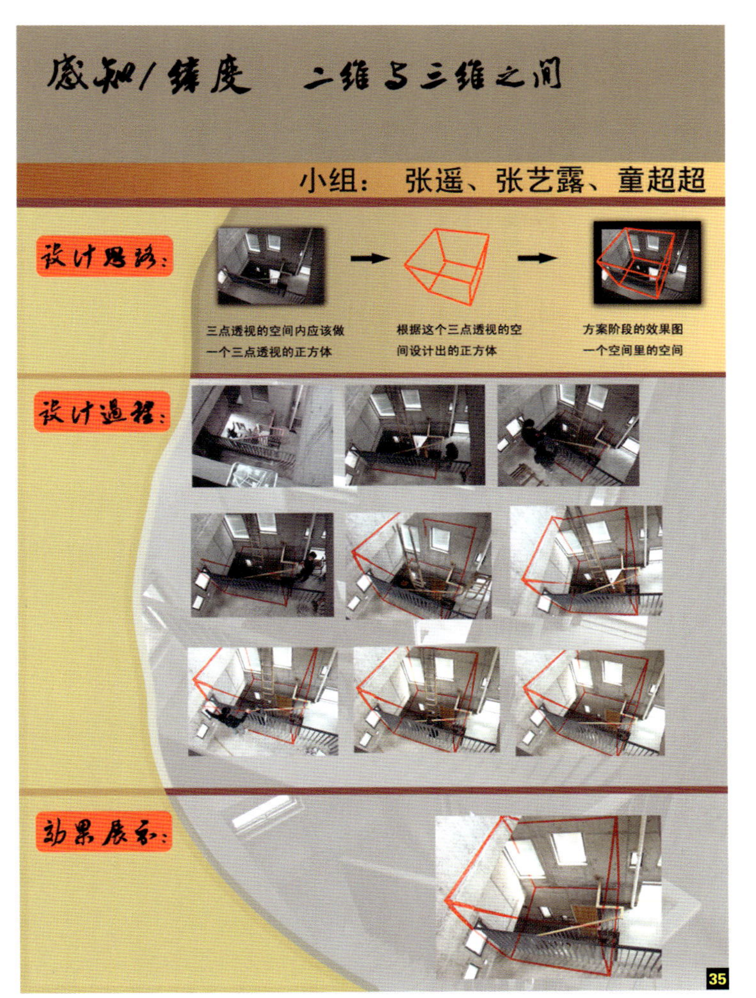
感知/维度　二维与三维之间
小组：张遥、张艺露、童超超
设计思路：
三点透视的空间内应该做一个三点透视的正方体
根据这个三点透视的空间设计出的正方体
方案阶段的效果图 一个空间里的空间
设计过程：
効果展示：
35

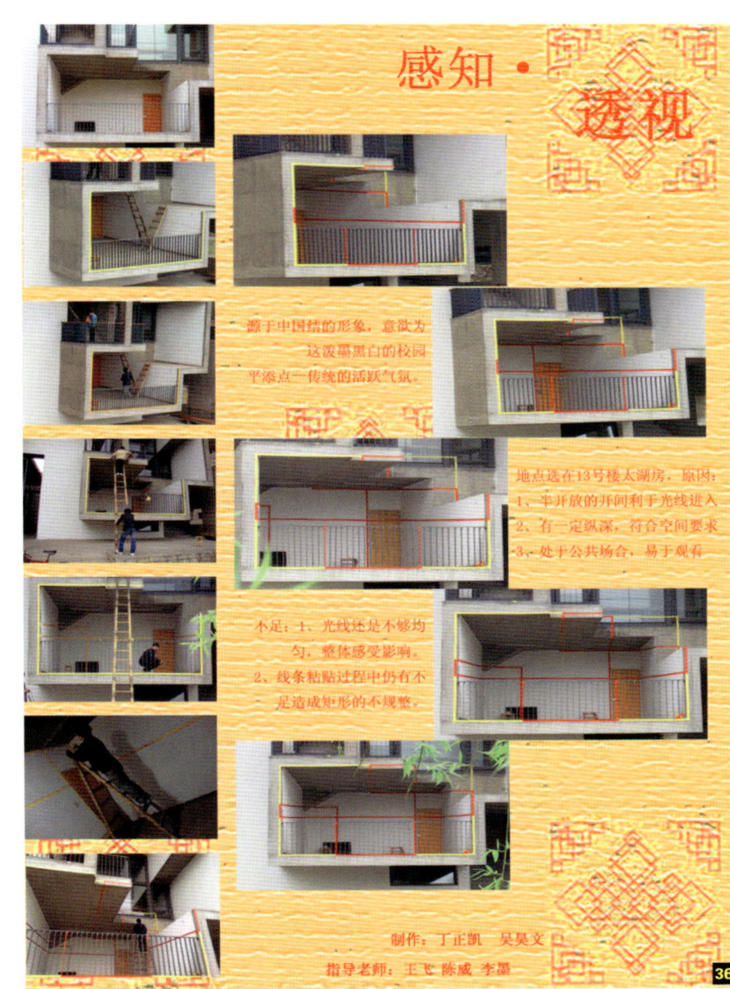
感知·透视
源于中国结的形象，意欲为这泼墨黑白的校园平添点一传统的活跃气氛。
地点选在13号楼太湖房，原因：
1、半开放的开间利于光线进入
2、有一定纵深，符合空间要求
3、处于公共场合，易于观看
不足：1、光线还是不够均匀，整体感受影响。
2、线条粘贴过程中仍有不足造成矩形的不规整。
制作：丁正凯　吴昊文
指导老师：王飞 陈威 李墨
36

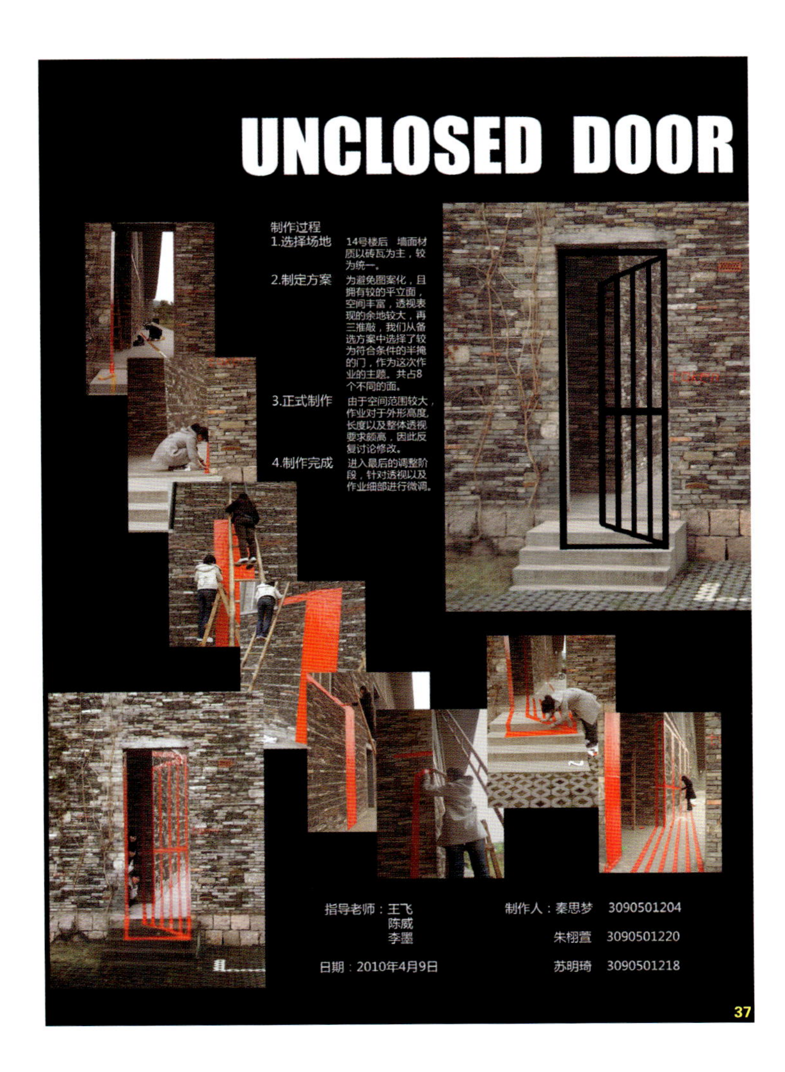
UNCLOSED DOOR
制作过程
1.选择场地　14号楼后　墙面材质以砖瓦为主，较为统一。
2.制定方案　为避免图案化，且拥有较的平立面，空间丰富，透视表现的余地较大，再三推敲，我们从备选方案中选择了较为符合条件的半掩的门，作为这次作业的主题。共占8个不同的面。
3.正式制作　由于空间范围较大，作业对于外形高度，长度以及整体透视要求颇高，因此反复讨论修改。
4.制作完成　进入最后的调整阶段，针对透视以及作业细部进行微调。
指导老师：王飞
陈威
李墨
日期：2010年4月9日
制作人：秦思梦　3090501204
朱栩萱　3090501220
苏明琦　3090501218
37

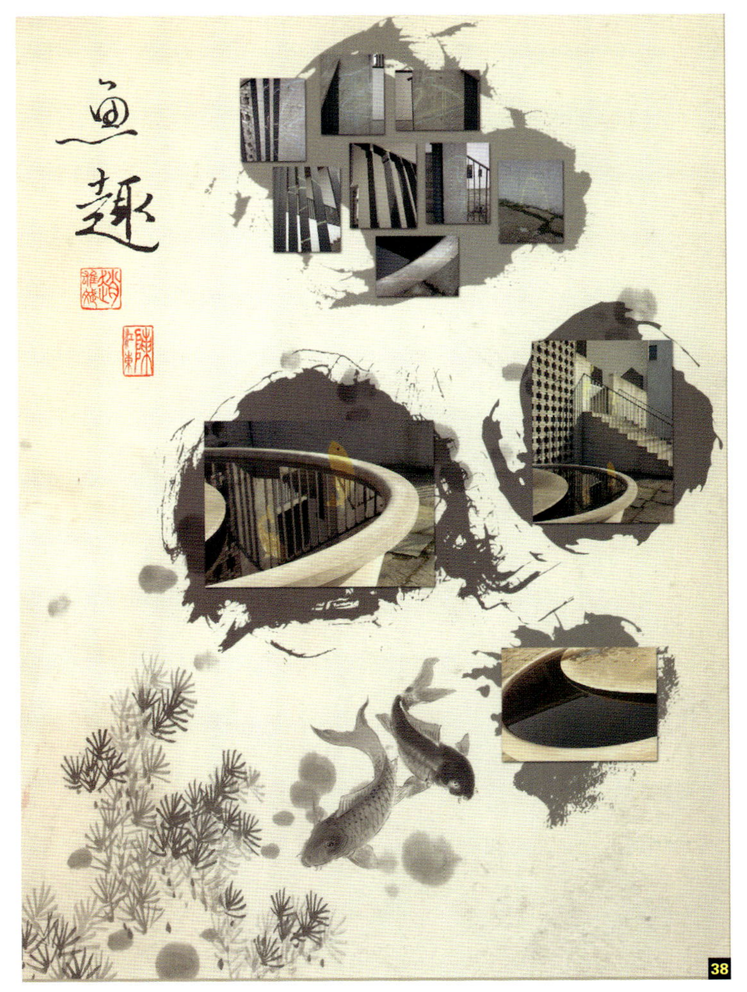
鱼趣
38

连岛大沙湾海滨浴场

DASHAWAN BEACH FACILITIES AT LIANDAO ISLAND

撰　　文　祝晓峰
摄　　影　沈忠海

地　　点　江苏省连云港市，连岛
基地面积　20758 m²
建筑面积　7761m²
建筑设计　山水秀建筑事务所
设　　计　祝晓峰、蔡江思、许磊、许曳、丁旭芬
结构与机电设计　上海原构国际设计咨询公司

1　海与山之间，“Y”字形的浴场建筑向碧海蓝天伸出触手
2　简单的退台剖面草图

连云港是中国海岸线中部正在崛起的海港城市，大沙湾海滨浴场的基地位于连云港北部连岛度假区的东海岸。这片“江苏省最好的沙滩”面积不大，但在夏季高峰时每天吸引超过2万名泳客。我们的设计为不断增加的客流量提供了新的更衣设施，餐饮，酒廊，健身中心，娱乐及住宿场所。

按照使用的需要，建筑可以轻松地分成更衣室、餐吧、客栈三层，以退台的方式由下至上放在山坡上。将这个退台式的剖面简单地延伸，我们就能够很容易地完成设计。但是大沙湾特殊的景观资源和海滨浴场的公共机能促使我们进行了更深的思考：公众在海滨浴场的活动，和城市里比起来一定更为放肆，建筑能否对此有所呼应呢？在空间体验的层面上，建筑能否提供更为自由、更为奔放的空间动线，与

人的活动之间产生更为积极的互动、甚至相互激发呢？简单的退台式建筑不足以完成这种期待，我们要做的，是给这个退台式剖面的延伸方式注入新的活力。

这种活力来自建筑直面的大海。

与陆地相比，大海的断面是动态的，更具活力——这正是我们的建筑需要借鉴的品质。水位的涨退孕育在一波波涌向陆地的浪涛中，但这种模糊的秩序只在宏观上控制着波浪的进退，每一道海浪其实都拥有自己的个性，前后的波浪之间从来就不是严格平行的，而是有着相互交织的关系。它们相互推挤、追赶、重叠、交错，享受着游戏伙伴一般的、动态的乐趣。这种自然交织的动律最终启发了我们。经过建筑语言的转译，我们找到的形式语言是"Y"。

"Y"有两个分叉，能够轻松地向不同的方向和高度延伸，以获得更多连接的可能性。于是，退台剖面中三层"一"字形的长板体量变身为三个"Y"字形，他们不再顺从山坡的高低按一、二、三层排列，而是自由地搭接在一起，形成了连续交错的空间动线。这座建筑于是无法再用层数来划分和描述，游客中心、更衣室、餐饮、客栈、多功能厅、娱乐等等设施由此摆脱了"属于某层"的枷锁，获得了与海浪间相仿的"玩伴"关系。

从连岛南、北两山之间的垭口进入海滨浴场的大门，浩瀚的太平洋扑面而来。板体之间的叠层和退台将来自入口的人流引导到不同的楼层，并为所有楼层提供了壮丽的海景视线。经由入口处，左手边三条导向不同的坡路迎面而来，将游客带向到海边后的第一个目的地：去沙滩游泳、去餐吧喝上一杯、或是去客栈 Check-in。在第一个目的地之后，希望这座建筑的空间活力能够激发你进行漫步的欲望——即便你并不明确地知道想去哪里。顺着长长的玻璃砖走廊前行，沿着各种坡度不一的步道散步、平行地眺望大海，随意选择一块平坦的屋顶草坪或者屋檐下的平台逗留一会儿，在某个面海的大台阶上坐下来发呆或者参加一个公共活动……路径的交织与聚散赋予这些公共空间充分的自由与开放，希望人的心性和人之间的交往也因此而更加活跃。

丰富的空间体验不仅将各种设施和活动串联在一起，更以一种积极的姿态成为风景的组织者：这些超过百米长度的板状建筑连绵起伏，在尺度上属于自然、而非城市，他们能够在自然界的尺度上与山和海对话，并以多样化的方式引导着大海、沙滩、岛屿、以及山坡的景色，并呈现给建筑的使用者。其开放且向无穷尽的大自然延展的形态，有力地表达了这座城市崛起的雄心。END

1 下部平面
2 中部平面
3 上部平面
4 剖面图
5 建筑以退台的方式由下至上放在山坡上
6 玻璃立面辉映海色天光

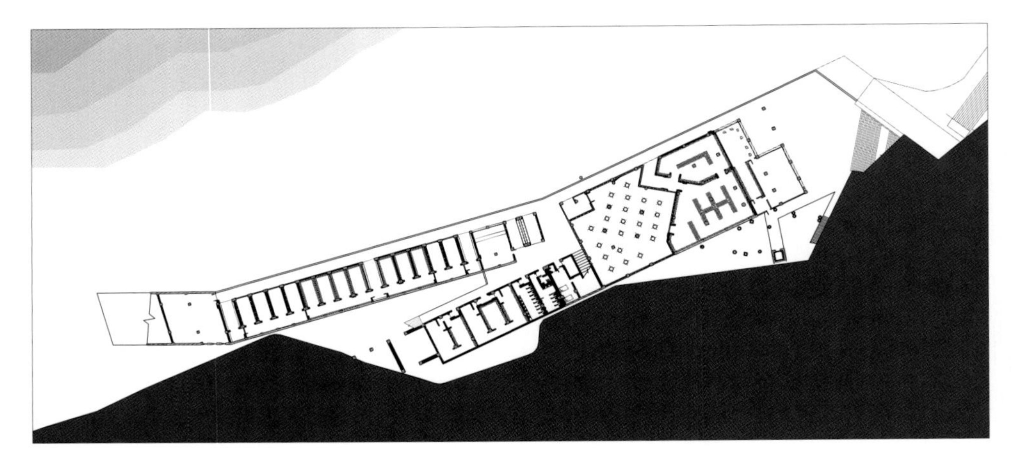

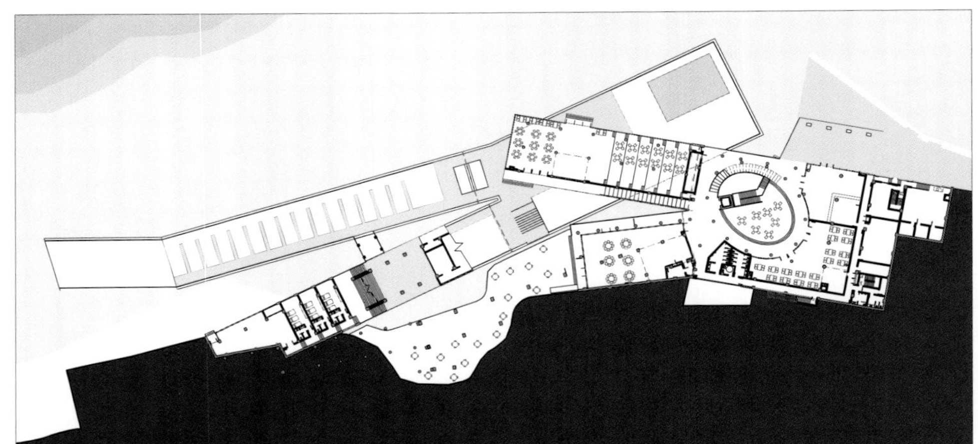

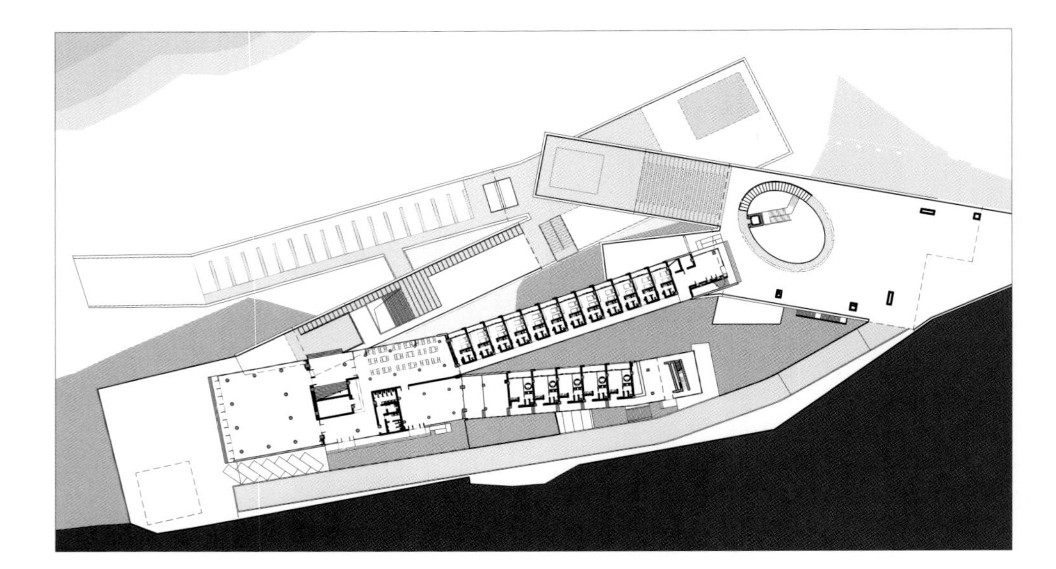

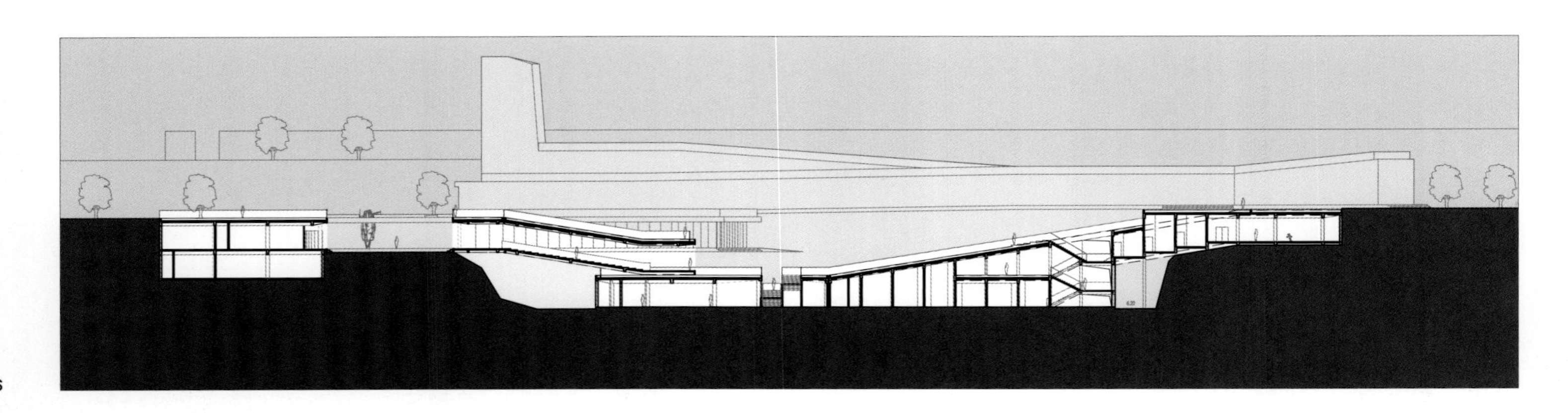

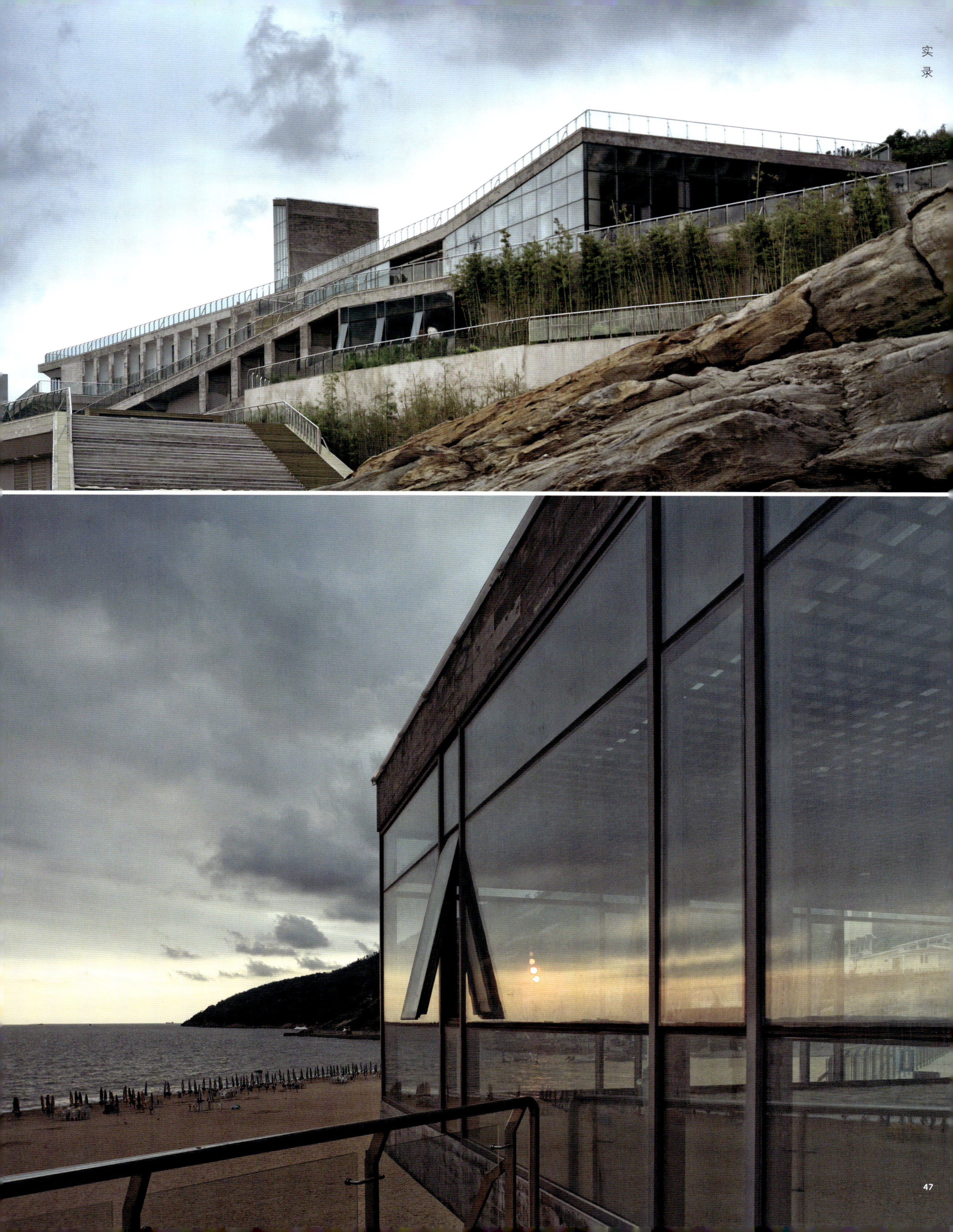

1-3　沿坡道游走，随处是海景
4　玻璃立面消解了人与景之间的距离
5　室内走廊，不透明玻璃砖通透且保持了私密性
6　浴室

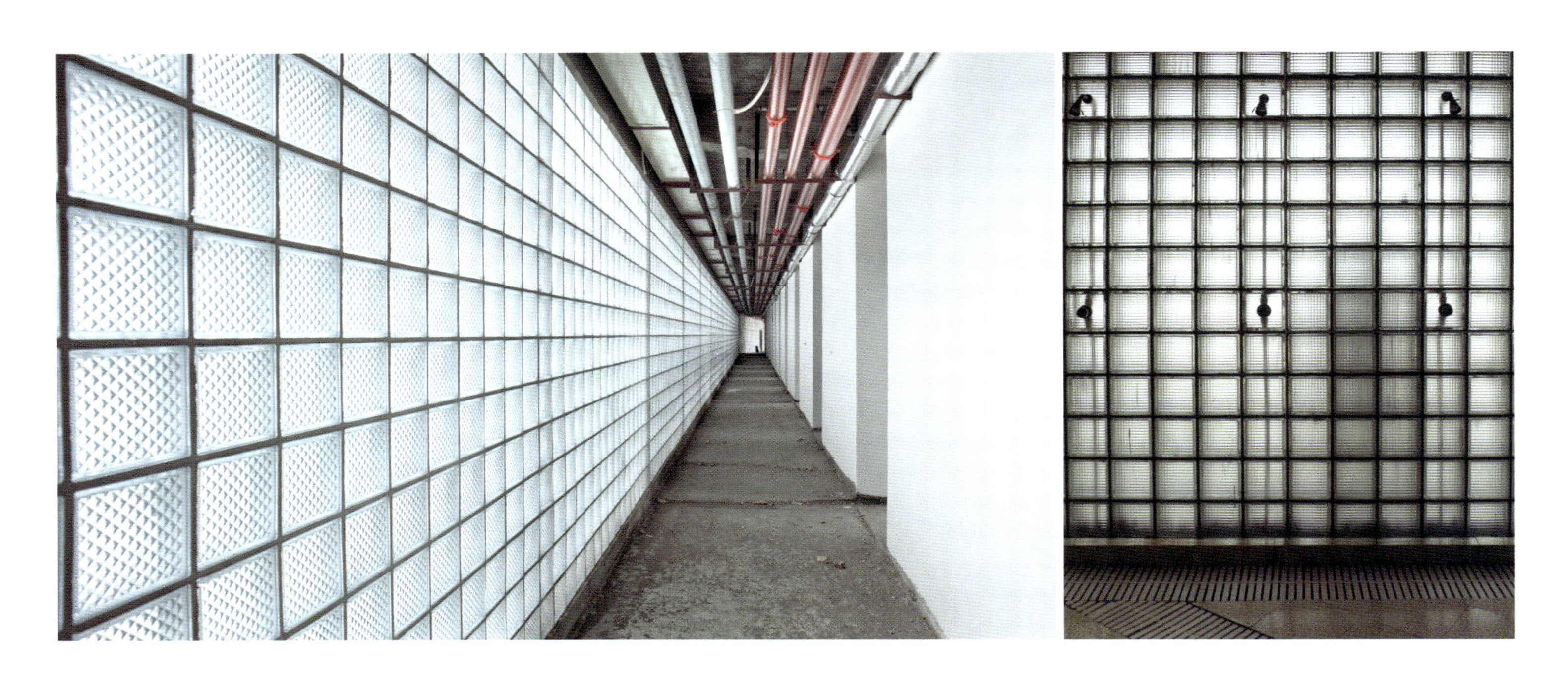

老房新顶
NEW ROOF KISS

撰 文	银时
摄 影	Tom Bisig

地 点	瑞士Riehen
面 积	$106m^2$
设 计	HHF建筑事务所
建造时间	2004年

这并不是一个全新的项目，而是一所老房子的加建。这座旧宅位于瑞士巴塞尔附近的里恩（Riehen），建成于1957年。在这所房子两侧各矗立着一座建于1920年代、堪称瑞士现代主义建筑标志性作品的著名建筑，其中之一便是由瑞士著名现代主义建筑师Paul Artaria所设计。

改建的目的，是为了在不拆除原有建筑的前提下，通过加建一个具有独立结构的屋顶，从而营造出一个全新的生活空间，同时改变房子原有的业主所不乐见的平凡样貌。新屋顶独特的形状实际上是在向Paul Artaria所设计的位于瑞士Tessenberg的度假屋致敬。 对与扁平脊和固体烟囱新的屋顶上。

屋顶上覆盖着巨大的金属板材。对这种材料的特殊处理使得使其看上去更像是一种纺织品的表面，而不是普通的铁皮屋顶。为了通过协同效应获利，保持低成本，屋顶结构本身的建造和整个项目的建筑施工被设定为同时进行。因此，新屋顶被直接架在了原有的屋顶上，从而避免了因建造一个临时屋顶所可能产生的昂贵费用。直到新屋顶结构安装完成并封顶之后，旧有的屋顶才被拆除。

新屋顶如一个轻盈的吻落在老屋上。表面上大面积的玻璃墙加强了透视效果，并将屋外林地的美景引入室内。屋顶结构内部，空间被分隔为两个房间，房间内均有一个小阳台。房间之外，屋顶和内墙之间的空间中，分布着盥洗室和一些橱柜。温馨的色调下，新生活就此展开。END

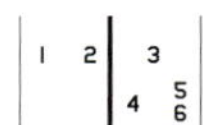

1 老屋新顶
2 老屋原貌
3 加建的新顶与周边环境和谐融合，又不失清新
4 加建新顶平面图
5 屋顶局部
6 模型

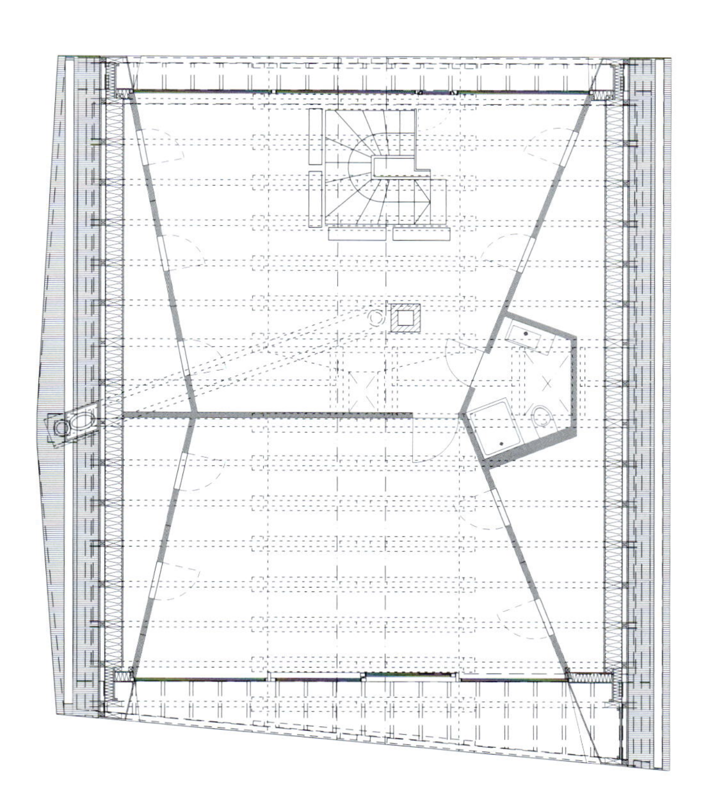

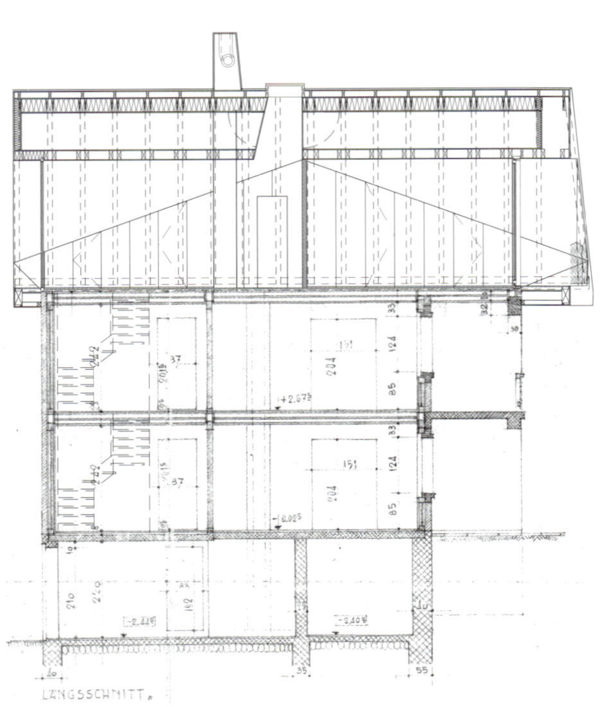
LÄNGSSCHNITT.

1 屋顶覆盖着巨大的金属板材，经特殊处理后呈现出植物的感觉，显得十分轻盈

2 剖面面

3 立面图

4-6 新顶内部明亮温馨

上海青浦区涵璧湾花园

THE BAY, QINGPU DISTRICT, SHANGHAI

撰　　文 | 张永和
资料提供 | 非常建筑

项目名称 | 涵璧湾花园一期
地　　点 | 上海市青浦区
业　　主 | 上海青晨房地产开发有限公司
建筑设计 | 非常建筑
项目主持设计 | 张永和
项目负责人 | 刘鲁滨
项目团队 | 王兆铭、刘阳、张宇、施超、仇玉骙
室内设计 | 李玮珉
建筑面积 | 19495.9m²
建筑层数 | 地上2层　地下1层
结构类型 | 钢筋混凝土框架结构
设计时间 | 2006年～2010年
施工时间 | 2007年～2010年

涵璧湾花园地处上海市青浦区，定位是度假别墅。该用地原为养鱼塘，拥有近 45hm² 的天然湖面，在繁殖季节，有大量水鸟在此栖息，生态环境良好。我们的地块位于园区北侧 B 岛，一共 20 栋，5 种户型，地上规模 514m² ～ 1022m² 不等。

设计中，我们希望建筑和环境融为一体。这个环境既是自然的也是人文的：水是当地自然环境中的要素，江南建筑传统是这里人文环境的主线。 同时当代的生活方式和建造条件也注定我们的建筑不可能是传统的简单重复。

由此，设计围绕三个关键词展开 ——“分”、“院”、“园”。

分：化整为零，将建筑内各功能进行拆分重组，使一个建筑更像若干个建筑的集合，由此，可以使更多的房间前后通透，得到良好的通风、采光质量，适应当地阴湿多雨的气候， 同时与室外空间与景观更紧密地咬合。

院：拆分重组后的房与房之间形成了多个不同尺度的围合、半围合院，提供给住户可居的室外空间。

园：从路到水的景观引人进入休闲生活的状态，也呼应了传统江南园林的体验。至此，每个别墅既是一个房，还是一个微缩的园。对它的使用既是住，也是游。

形态上，山墙加坡屋顶再次运用江南民居的建筑元素，而非传统材料做法。灰色石材、铝合金门窗、铝合金屋面、金属压顶等的运用，又是对其的重新诠释。 END

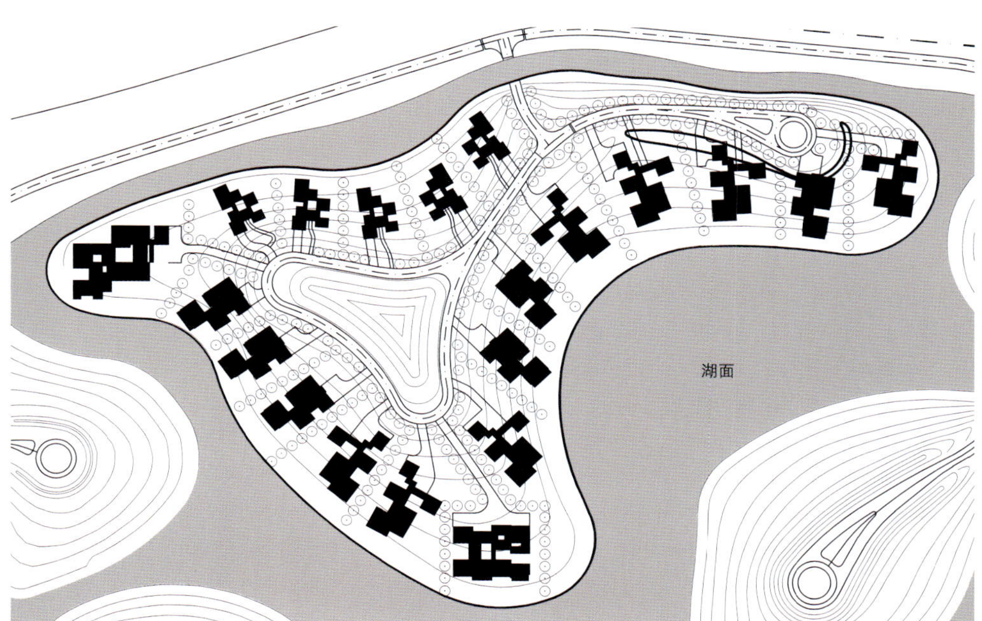

1 | 2 3

1　建筑外观
2　立面细部
3　基地平面

| 1 | 2 |
| 3 | 4 |

1-2 院落布局与开窗方式均颇有江南园林意境
3-4 室内局部

上海南京路步行街行人服务亭

SHANGHAI NANJING RD. PEDESTRIAN KIOSKS

撰　文｜刘宇扬
资料提供｜刘宇扬建筑设计顾问（上海）有限公司

地　点	上海黄浦区南京东路步行街
设计单位	刘宇扬建筑设计顾问（上海）有限公司
主案设计师	刘宇扬
设计团队	刘宇扬、范芷康、林一麟、袁平、郑哲欣
总建筑规模	4.5 m^2 / 亭，共12座
设计时间	2008年
竣工时间	2009年

1-2　服务亭街景
3　服务亭功能与标识意图
4-6　各种不同功能的服务亭

项目所处的位置是在中国近代史中最早也是最重要的商业大道：上海南京路步行街。这条街号称“中华第一街”；它的总长度仅仅为一公里，它的历史却跨越了一个多世纪，它每年接待来自于国内外的游客则超过了一百万人。过去由于缺乏整体的城市设计，这条路给人的印象一直是无序和杂乱的结合体。有鉴于此，黄浦区政府开始对步行街上的空间及建构物进行一系列的整治计划，行人服务亭便属于这个重建计划的一部分。

一座行人服务亭可称为城市中最小的建筑，但它所具备的功能却可以包罗万象。这些功能又都是跟市民或游客们息息相关的。其中具有公益性质的包括：游客信息、纪念品销售、彩票销售、电信、手机充电、银行取款机、自动贩卖机等。另外当然也有品牌宣传为目的如：杜莎夫人蜡像亭（仅可以放置一座蜡像和一名售票员的超迷你展示馆）、可口可乐亭等。这些功能各异的行人服务亭，实际代表着设计对“微观城市”的一种回应。也就是说，不一定是库哈斯式的巨型建筑才会对城市有所影响。通过对形式上的控制与变化，步行街上12个相隔100m的亭子形成一套完整而独立的城市风景。在我认为，这些亭子所组成的视觉秩序恰恰体现了街道中的多元之美。

在材料方面，我们透过与一家本地玻璃制造厂的合作，研发出一款以上世纪30年代现代风为灵感的热融花纹玻璃，并配合上烤漆金属外框，做为亭子外立面的主要语汇，以求与街区中工艺美术（Art-Deco）时期的建筑相互协调。而在呼应历史的同时，我们也希望能有技术和理念上的突破。亭子就像是街上的家具，我们希望晚上它的外立面能够发光，而且是用清洁能源来发电。这个想法在方案初期并未得到太多的支持。到后来环保议题突然鲜明了起来，可能国家在这方面的政策更明确了，加上我们不厌其烦的推动，也找到供应厂愿意赞助部分设备，这个提议就水到渠成被接受了。最后的设计中，亭子屋顶所配置的太阳能板可提供入夜后每小时180瓦的外立面LED发光做为城市照明，为环保节能政策提供了示范原型。END

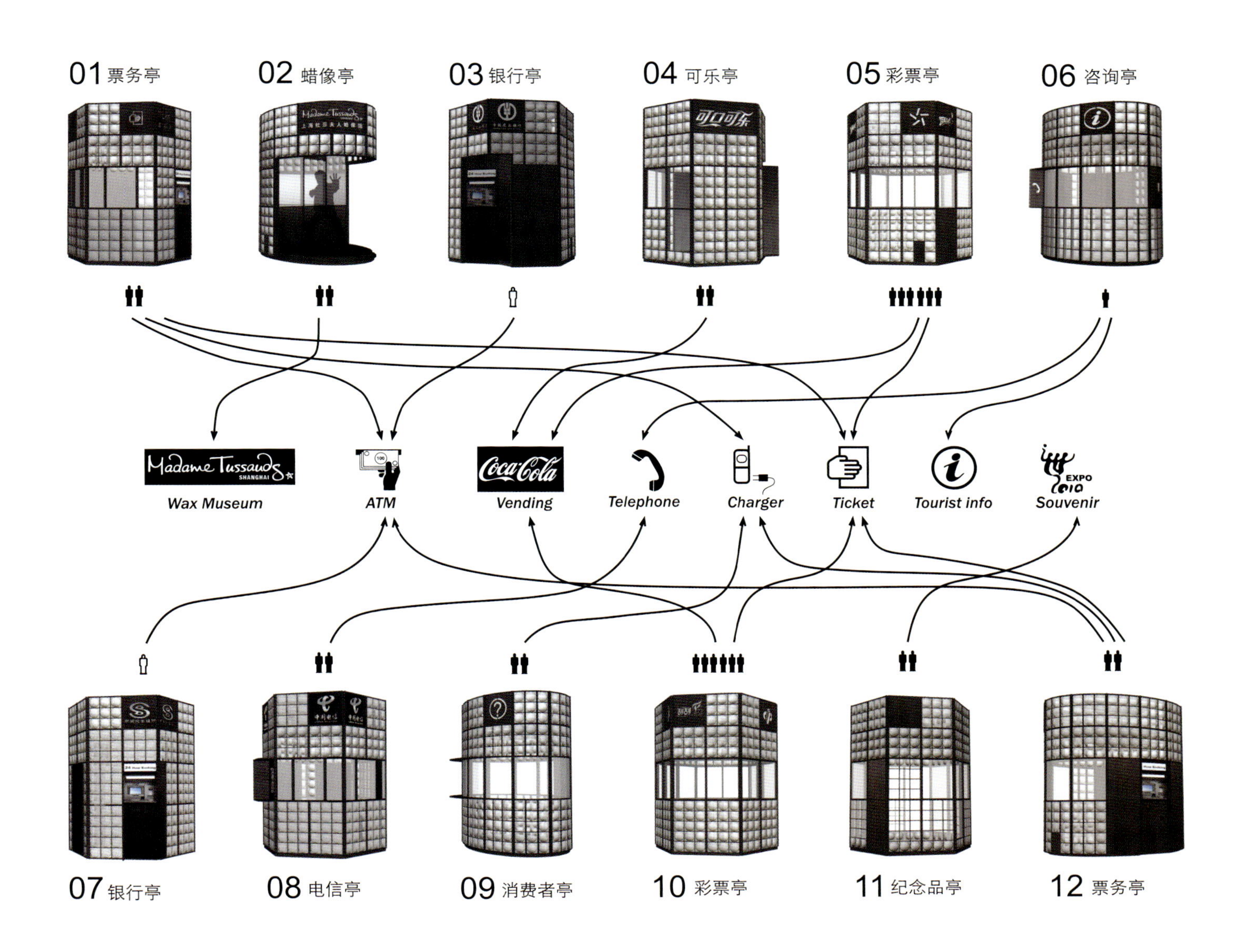
01 票务亭
02 蜡像亭
03 银行亭
04 可乐亭
05 彩票亭
06 咨询亭
Wax Museum
ATM
Vending
Telephone
Charger
Ticket
Tourist info
Souvenir
07 银行亭
08 电信亭
09 消费者亭
10 彩票亭
11 纪念品亭
12 票务亭

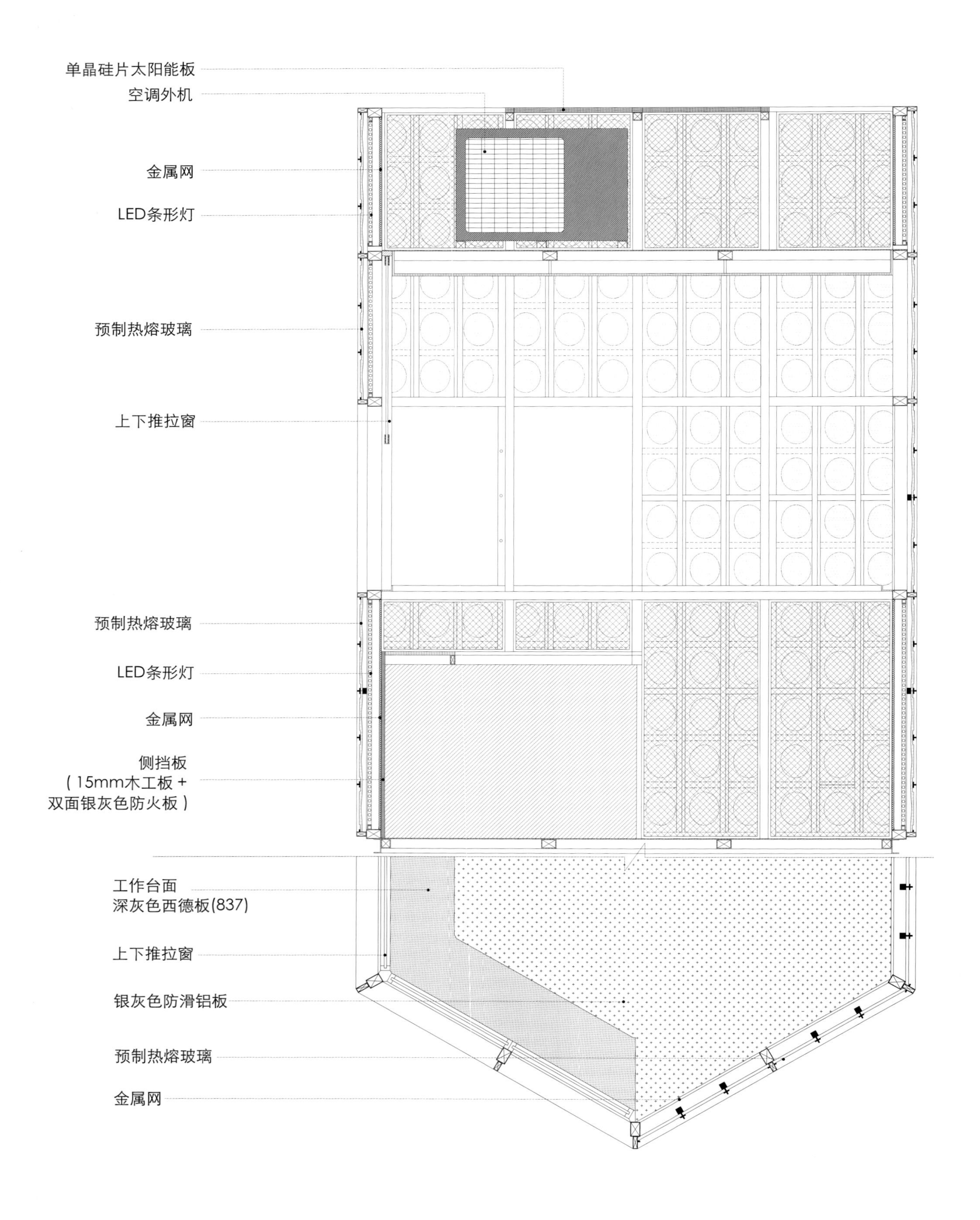

1 | 2

1 详图
2 服务亭与行人的互动

Tussauds
SHANGHAI
夫人蜡像馆

水舍

THE WATER HOUSE BOUTIQUE HOTEL SHANGHAI CHINA

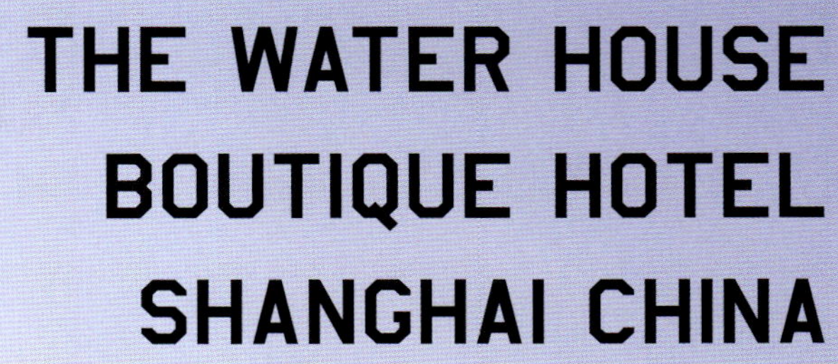

撰　　文　　罗拉
资料提供　　DESIGN HOTELS™

项目名称　　水舍
地　　点　　上海黄浦区毛家园路1-3号
（中山南路479弄老码头内）
设　　计　　如恩设计研究室
（Neri & Hu Design and Research Office）

水舍位于的黄浦区十六铺码头已有 150 年历史。作为世博园的重要水门码头，如今这里的货运功能已被客运替代。当高亢的汽笛声响起，码头的稍纵即逝和稍显混乱的商业气息仍可在此隐隐嗅到。豆市街、面筋弄、盐码头街、外咸瓜街——它们是十六铺码头附近的街道名称，也是码头附近的交易史留下的印记。水舍的地理位置几乎正对着十六铺水上码头，外马路的咸风湿雨曾将这栋前兵营的外墙侵蚀得难以辨认。设计共和的设计师郭锡恩与胡如珊最大程度地保留了老建筑的骨架，甚至是外皮。在酒店大堂，仍可看见剥落直至青砖的墙体和损坏的旧瓷砖。设计共和从 2008 年 5 月起就开始改造设计，投入至结构加固的资金达到 500 多万人民币。设计师对一些旧物颇感自豪，比如依然隐约可见的洗衣店的标识（想必是 1990 年代的商业痕迹），以及从各地回收的旧木地板（如今用作窗户的挡板或吧台的支撑）。屋顶使用的是铁锈红的耐候钢，但事实上，这种颜色已偏于橘色，是一种明亮的码头颜色。在这种一味怀旧的环境中，风格设计师 Arne Jacobsen、家具“功能主义”大师 Finn Juhl、丹麦家具设计天才 Hans Wegner、米兰设计师 Antonio Citterio（其作品一直在纽约现代艺术博物馆展出），都将被放置在酒店各个角落。在这种冲击下，大脑的灰色细胞不得不骤然活跃，就像你知道某个秘密存在，而不知道它具体是什么。也有点像我在水舍的某间厕所里看见印在墙上的卡尔维诺（Italo Calvino）不知何时说过的话“城市是思想或机遇的杰作，但它们都不足以支撑起城市。”有种恍然大悟但仍蒙在鼓里的感觉。不得不承认，在上海，有一种旧派的偷窥与被偷窥正由于城市空间的剧烈震荡而渐渐消失。这种弄堂生活带来的偷窥感，曾经被嫌弃。它掺杂着虚荣和自卑，窥视着别人的衣食住行，家长里短；能够从晾晒的衣服上判断家里住了几个人，是男是女，有无老少；能够从空中的香味判断别人桌上的晚餐。这却是一种消失中的上海味道。此次，设计师在水舍重现了这种值得玩味的偷窥，私密空间和公共空间的界限被打破。它让人在某种模糊的地带中体验偷窥和被偷窥，以及偷窥引诱和偷窥不得的游戏趣味。最先完成改造的是一间由旧仓库转变而来的 Function Room。酒店未开业之际，就已获王家卫在上海的电影公司青睐，将开业 party 选在此举行。这间 Function Room 没有多余家具，工厂似的空间只是在每次活动举办时度身摆放需要的物品。在男女厕所的洗手池，你会发现很多块能互相反射的玻璃，在你以为能看到对面被反射的图像时，却并未看到任何东西。这种无意带有意的一瞥，很暧昧，但却被“狡猾”地“算计”了。同样“狡猾”的还有客房和走廊。脚底会在不经意处出现一块透明玻璃，使你能看到中庭或餐厅的场景。在并不特别宽敞的中庭，按原来的窗户格局，大大小小的窗户，既能够关上遮挡视线，也可于开启之后，若有若无地看到对面的人影。或者，让对面若有若无地看到自己。听说 Neri & Hu 的郭锡恩有个习惯，每星期两天下午关门静思，阅读或者绘画，用以净化心灵。不知道偷窥算不算一种变形的自我关照呢。END

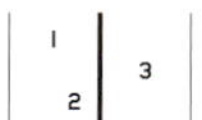

1 看得见风景的平台
2–3 酒店外立面

外马路
Waima Rd.

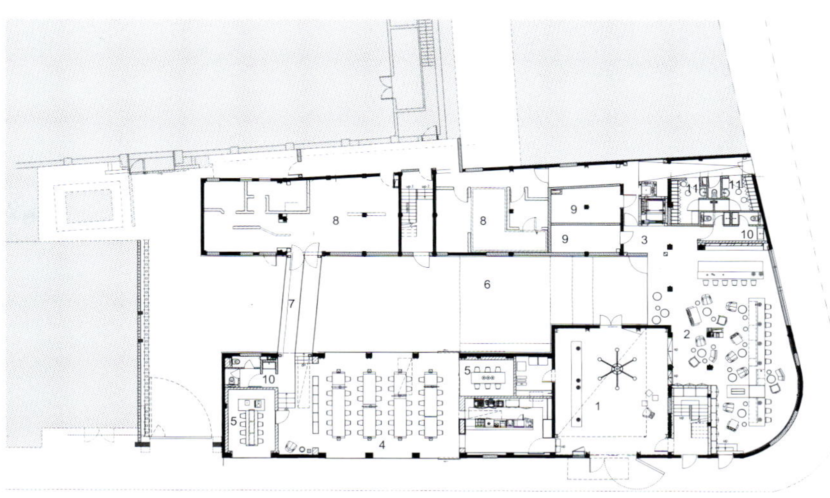

1 大厅
2 酒廊
3 电梯厅
4 餐厅
5 包房
6 庭院
7 过道
8 厨房
9 机房
10 洗手间
11 更衣室

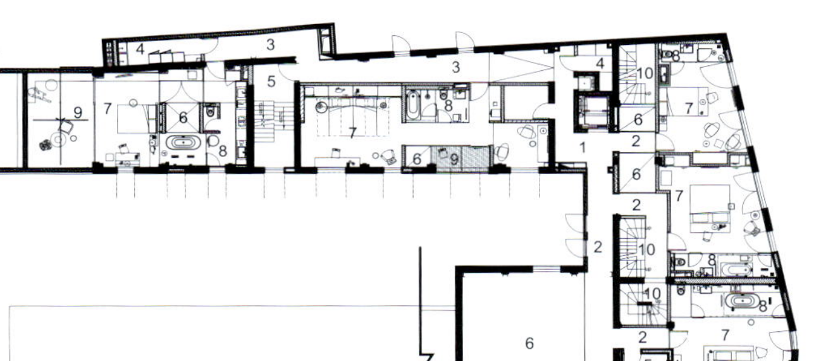

1 电梯厅
2 天桥
3 过道
4 后勤
5 安全出口楼梯
6 空场
7 卧室
8 浴室
9 阳台
10 楼梯

1.4 庭院，围合出一片适于观望的小天地
2 一层平面
3 三层平面

1 3 2 4 5 | 6 7

1 酒廊
2 屋顶平台
3 LOGO
4 餐厅
5 大厅
6-7 客房

普吉蓝珍珠度假酒店

INDIGO PEARL RESORTS ,PHUKET, THAILAND

撰　文　　如飞
摄　影　　小子
资料提供　Indigo Pearl Resorts

地　点　　Nai Yang Beach and National Park, Phuket 83110.Thailand
设　计　　Bill Bensley

擅长豪华度假酒店设计的美国建筑师、室内设计师和景园设计师 Bill Bensley 以其“致力于创造人间天堂”的理想、“越独特越好”的设计理念蜚声国际建筑界。Bensley 凭借着对地域文化与历史元素的敏锐感知和揉合现代设计大胆而又娴熟的技法，创造了一系列充满想像力和冲击力的设计作品，被誉为“异域风情豪华度假酒店的设计大师”，连续多年被美国发行量最大的建筑设计杂志《建筑文摘》（ARCHITECTURAL DIGEST）列入该杂志年度最有创意设计大师名人堂。作品遍及全球，重点分布于东南亚，在中国大陆的代表作品有三亚喜来登酒店、广州二沙岛新世界棕榈园等。在其六十余个设计作品中，位于泰国普吉岛的蓝珍珠度假酒店无疑是体现 Bensley 设计风格的典范，也是 Bensley 本人的心爱之作。

如今泰国普吉岛“人间度假天堂”的美誉已经尘封了该岛曾经的历史。在岛上发现丰富的锡矿后的一个多世纪里，锡矿采掘、冶炼和贸易造就了普吉岛的财富与繁荣。一直到 1932 年之前，有“黑黄金”之称、价值昂贵的锡一直在当地当作货币使用。锡矿枯竭后普吉岛华丽转身成为度假胜地，但昔日遍布全岛的锡矿（如今仅存三处仍在开采）、锡工厂为普吉岛、为泰国铸就了一段引以为豪的工业文明史。一百多年来，普吉岛锡矿开采和经济繁荣离不开当地一个显赫的家族 Na-Ranong，泰王还特别钦赐在普吉岛为该家族的第一代掌门人塑铜像以彪炳该家族对普吉岛和泰国的贡献。Indigo Pearl Resorts 正是 Na-Ranong 家族投资建设的一处豪华五星级度假酒店。

锡和锡工厂在普吉岛被视为财富与繁荣的象征。Indigo Pearl Resorts 的设计灵感正是来源于此。当地的锡文化和锡矿工业历史，投资方 Na-Ranong 家族对为家族带来巨大财富的锡矿的膜拜，和建筑师 Bensley 对地域文化、历史记忆的敏锐捕捉能力和对主题元素设计演绎的高超技巧这三者的融合造就了一个独具创意与特质、难以被复制的、完美揉合了历史元素与现代设计技法的杰作。

蓝珍珠酒店位于泰国普吉岛西北海岸奈扬海滩，隐藏在广阔的安达曼海岸的一处静谧地点。有豪华客房、别墅、泳池平台客房及套房七种共 227 间客房。酒店于 20 世纪 80 年代建成，2007 年进行了全面的更新。

原本与顶级豪华度假酒店气质上格格不入的源自锡矿和锡工厂的旧构件被设计师极富创意地、精妙地“镶嵌”到一个五星级度假酒店之中。从酒店整体的建筑设计、景园绿化、室内外环境雕塑，到大堂、酒吧和客房的室内设计与装饰，细微到餐巾、餐具、桌椅等酒店用品和家具拉手、标牌标志甚至员工制服和菜单样式，设计师将昔日锡工厂和机器工业时代标志性元素演绎到了极致。客房内盥洗面盆上裸露的水龙头令你联想到老工厂里的水管和阀门，支撑锡矿巷道的原木被做成了淋浴房的立柱，客房内的写字台更是蒙上了光洁的锡铁皮周边铆上铮亮的圆帽铜钉。这些代表了普吉岛昔日工业繁荣，承载着普吉人财富梦想的老工厂构件在设计师的手中化成了一件件富有极强感染力的现代艺术作品。其粗犷、锈蚀、冷凝的质感与木材、织物等其他室内装修材料亲切、温软的质感形成强烈反差，创造出难得一见的体验。

蓝珍珠酒店的设计在色彩运用上独具匠心。华丽的靛蓝色（酒店的主题色，酒店名称蓝珍珠由此而来）、源自锡矿和锡工厂的深黑色、铁件斑驳的锈红色、醒目的粉红色和灼热的橙色构成了酒店色彩设计的基准。酒店大堂彰显了设计师驾驭这些“大胆”色彩过人的想像力和营造“独特情调”的娴熟技法。

蓝珍珠酒店的设计为一座豪华、温情、惬意的国际级五星度假酒店注入了极富现代感和感染力的独特气质。正如设计师 Bensley 自己对这一得意之作的评价："you either love it or you hate it"。酒店每一个角落，每一个细节含蓄、委婉地述说着普吉岛与 Na-Ranong 家族一段显赫的历史。贯彻始终、充满想像力的设计使蓝珍珠酒店成为普吉岛上林立的高端度假酒店中的“另类”。对寻访地域文化特色体验，喜好现代艺术与时尚设计的游客而言，Bensley 在蓝珍珠酒店不仅“创造了一个人间度假天堂”，更是营造了一个现代艺术设计的殿堂。END

| 1 2 | 3 4 5 6 7 |

1 蓝色是酒店的标志性蓝色，橙色和其形成了强烈的对比

2 位于酒店大堂一侧的图书馆，设计风格和大堂一致

3-7 酒店大堂及其细部，处处显示其设计理念的与众不同

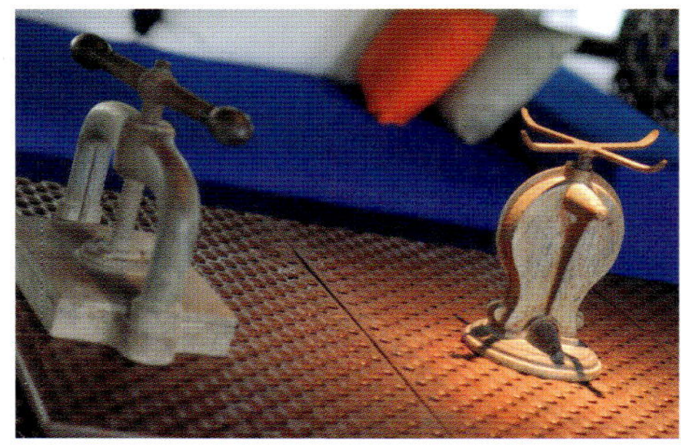

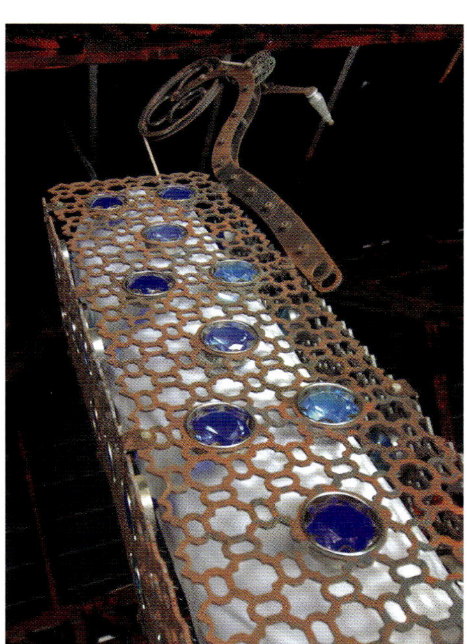

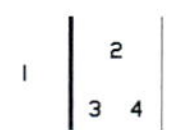

I-3 Black Ginger 泰餐厅，黑色木材赋予传统形式新的视觉效果
4 Tongkah Tin Syndicate 俱乐部，传统的物件是空间的主角

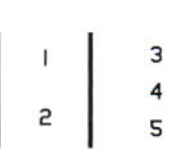

1–2 掩映在绿色之中的开放式的 Tine Mine 餐厅，其家具和灯具都具有锡矿工业时代的特色

3 餐厅入口处，向下的箭头表示此处有锡矿，箭头也是整个酒店设计的一个元素

4 洗手间的标志

5 桌椅和餐具设计都与酒店的设计主题丝丝相扣

1 4 5 6	7
2 3	8

1 Rebar 酒廊开放的二层空间
2 Rebar 酒廊入口处
3 Rebar 酒廊桌椅细部
4–6 位于 Rebar 酒廊底层的 River Grill 餐厅细部
7 Rebar 酒廊三层空间夜景
8 River Grill 餐厅夜景

1-4 以"花"为主题的套房以粉红色为基调
5-8 以"叶"为主题的套房以绿色为基调

1-6 花园客房。原木、裸露的水管和龙头、铆钉装饰处处让人联想到普吉昔日的工业繁荣

7-9 泳池客房。电扇、淋浴龙头别具特色

Ovolo：服务式酒店公寓与服务式办公楼

OVOLO SERVICED APARTMENTS

撰　　文 | 王秋蕾

项目名称 | Ovolo酒店式公寓 / izi精品服务写字楼
地　　点 | 香港中环亚毕诺道2号
设　　计 | Kplusk Design

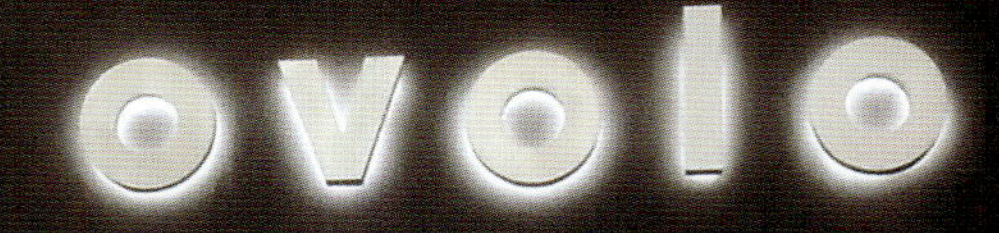

SERVICED APARTMENTS

酒店服务式公寓是指为中长期商住客人提供一个完整、独立、具有自助式服务功能的住宿设施，其公寓客房由一个或多个卧室组成，并带有独立的起居室、以及装备齐全的厨房和就餐区域。这一概念近些年来在大陆经济发达地区流行起来，而另一个全新的概念“服务式办公楼”亦全新出炉，两者的整合正是一种集商务中心、行政、酒店于一体的办公模式。这种模式减少了对企业非核心业务的消耗，增加了企业资产的流动性，在欧美、香港等经济发达国家和地区非常流行，堪称商务写字楼的另类英雄。

位于香港的 Ovolo 酒店集团就是这种趋势的很好代表之一，该品牌以其独特的设计在香港市场取得良好成绩，其在香港共有五幢物业，合计 174 个住宅单位，且同步在中环经营迷你型的“izi”精品服务式写字楼。

在谈及品牌的发展策略时，Ovolo 创办人 Girish Jhunjhnuwala 先生说：“我们首要了解住客的真正所需所想：对暂居或移居香港的人士来说，怎么才能使他们的新生活更舒适、更愉快及更容易适应。优化生活正是关键要素。”

那个拗口的 Ovolo 取名自专门描述半圆突缘设计（convex mouldings）的经典建筑词汇，而半圆突缘设计亦正是品牌座落于中环亚毕诺道 2 号的首座旗舰物业建筑的特色之一。所以酒店大堂的墙壁上镶嵌了很多银色的蛋，是很写意的半圆形的具体呈现，房间里面也宽阔舒适，Ovolo 在香港应该算是比较大的酒店式公寓，一套房间竟然占了整整一层。其设计的重点在于，它用各种门把空间分割开来，洗手间的设计是一个巨大的柜子，拉开柜门就可以洗漱了。Ovolo 通过铺设竹地板、选用较高成本但较低耗电量的 LED 及日光灯照明系统来竭力维持低碳。据说 Ovolo 里面有全香港最舒服的床，床垫的设计有 7 ~ 8 层不同的材质，所以要在床上印出人形实属不易。

这里的一切都是准备好的，随时可以使用。如果你搬进一间普通的公寓，也许还需要请一个人来先帮你调试电视天线和频道，但在这里，你只需要按一下按钮，一切就都开始了。像按下电视机开关就可以收看电视节目一样简单，在你走进电梯、按下楼层按钮的那一刻，你的新生活就已经开始了。

“izi”精品服务式写字楼的发展思路与 Ovolo 一脉相承，其设计简洁明快，非常时尚。这种服务式办公楼是办公室出租的最高形式，是种以服务性为主的全新办公出租方式。在欧美国家，这又被称为“商务办公室”，是指每间已经装修完毕，配有办公家具，可供出租的办公室。“izi”为客户提供了尽可能完整的办公体系，除了为客户提供办公地点、办公家具、用品、设备等硬件外，还提供人员与之相匹配，Ovolo 则可以为其提供住宿。END

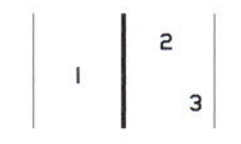

1-3 中环毕诺道 2 号的 OVOLO 酒店式公寓旗舰店

1	2 3 4

防空洞的新衣

撰　文　叶铮
摄　影　叶铮

项目名称	锦江之星昆山店
竣工时间	2010年1月
设计单位	上海泓叶室内设计咨询有限公司
主要用材	马赛克，夹胶玻璃，纱绸

1　锦江之星同丰路店入口处
2　设计理念
3　马赛克材质的洞体
4　餐厅一角

在毗邻上海的昆山市内，有一处不起眼的老房子，被重新改建为一幢小型的主题酒店。该建筑由地上与地下两部分构成，通过首层大门进入到酒店大堂，在此，更多的公共区域被分配到了地下层空间。室内设计面临着一个全地下室的封闭环境。由于地下层曾经是防空洞的一部分，在初到现场观察的时候，空间的低矮、狭窄和压抑成为了现场主要的印象。

如此，在设计伊始，一个对防空洞空间的再延续，成为了该室内设计的一个立体概念。首先，设计将空间分为两大对比关系，即由卷片为特征的空间洞穴式造型，与原建筑空间中裸露的混凝土结构相叠合，形成“一次空间”与“二次空间”的层次关系，并且采用马赛克的材质作为二次空间的界面饰材，充分营造出界面造型的圆润转接和自然过渡，消除界面之间的生硬划分。同时，在色调空间中，将一次空间彻底统一在一个深灰色的层次中，进而突显出防空洞造型的特征，使色彩与材质的运用进一步强化空间的主体概念。

在界面马赛克与深灰色底景作对比时，设计又将界面马赛克所依附的卷片厚度，在视线中完全弱化了，为此，卷片的厚度亦一同被统一于深色的背景环境中，如此，使得马赛克所编织的卷片界面，在感觉中成为了无厚度的概念，实现了造型的轻量化手法。

陈设的运用，在设计中更强化了空间轴的对应意识。针对空间的特征，陈设品与画面的选择，以飞跃的形象语言为特征构成了空间的视觉中心，使得身处地下，与翱翔苍天形成内在的心理联系。

层层推进的空间，是以轴线为引导，将各空间区域，规整为一体，又形成各个区间的层次对比。轴线关系，即是空间的序列关系和层次组织。在轴线关系的某些空间区域交汇处，蓝色玻璃与镜面的介入使用，又使得整体空间的层次与虚实关系，更为清晰有力。

最终竣工的现场，在灯光静谧的照射下，呈现出一种惊艳时尚的气息，使人彻底忘却了地下空间原本的压抑与狭窄，更多的是体验到了一种安宁的诗意。END

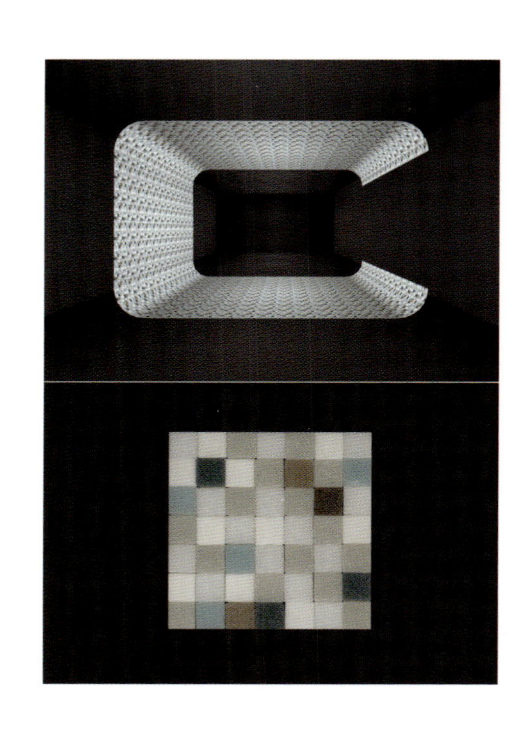

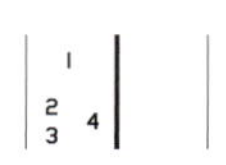

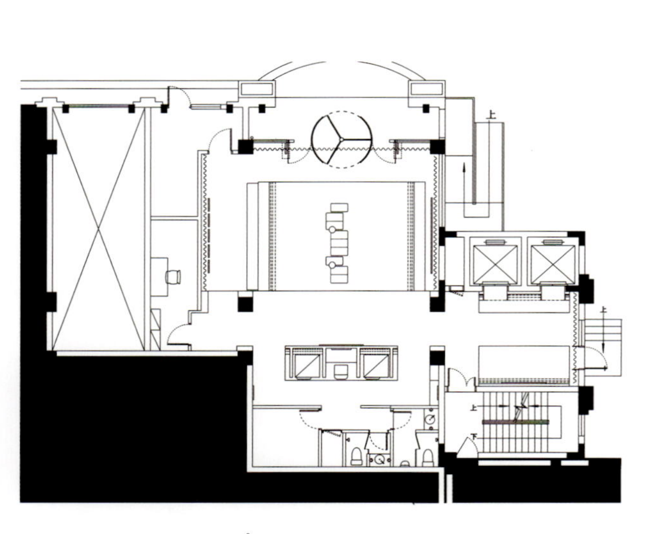

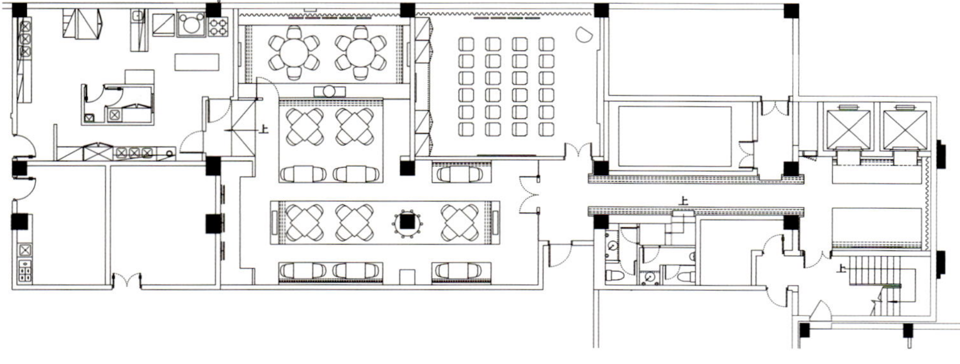

1 休息区
2 一层平面
3 地下一层平面
4 室内一角

香港旺角朗豪酒店

LANGHAM PLACE, MONGKOK, HONG KONG

撰　文 | 犬牙
摄　影 | CECILIA WONG

地　点 | 香港旺角上海街555号
设　计 | CYS Associates (Hong Kong) Ltd
主要材料 | 大理石、水磨石、彩色水泥、竹子地板、自然石材、装饰瓷砖和壁布等

1-2　酒店外立面
3　入口处公共艺术品

地处旺角店铺林立的街道中，位于上海街的香港朗豪酒店却是一身艺术气质的摩登模样。酒店陈列出超过1500件由著名华裔艺术家所创作的艺术品，这里被誉为"中国现代艺术的展览厅"。

酒店以圆润的外观作为设计主线，大楼外层由蓝色低反光玻璃幕墙覆盖，顶部的半球状结构设有灯光系统。此处本是一片达16.7万多平方米的旧住宅用地，因朗豪的出现，改变了人们对旺角的印象。

这里曾荣膺《时代杂志》、《Travel Weekly》杂志以及各大协会颁发的"最佳艺术气质酒店奖"。一进门，果不其然，一高一矮两位"红卫兵"就已在欢迎你的到来。这是奥地利籍华裔艺术家蒋朔名为"红卫兵——前进！钱进进！"的铜雕作品，大兵身高超高2m，手执红色手机一枚，小兵则手握红宝书，他们昂首阔步，张着大大的口如同在高喊着欢迎词，笃实敦厚的天真模样让人忍俊不禁。据说在一年中不同的时节，他们还会相应换上不同的服装，比如在圣诞节期间，两位就会摇身一变，成为"圣诞老人"。

朗豪处处展现出对艺术的钟爱，同时也体现在美食上。位于酒店三楼的日式正宗炉端烧餐厅Tokoro尤为值得一提，这里充满了六本木的朝气活力。中国香港和日本都是寸金寸土的地方，所以当电梯门打开时，一条窄窄的走廊在迎接并不奇怪。黑色的墙壁与地板配以点点蓝灯，营造出神秘的场景，让人犹如置身太空，不着边际。右转，穿过了黑洞自然就豁然开朗了。见不到铺天盖地的传统元素，却出现了三个可以360°自由旋转的"笼子"，整整齐齐地排在餐厅中央。"笼子"的官方名称叫落地木帘，但我觉得还不够贴切，这岂止是帘子。简直就是一个迷你包厢。与西方人的习惯不同，东方人总是喜欢留出一些私人的独立空间，或者说披上一层似有若无的面纱便更有安全感。

位于顶层的星愿亭也是九龙最高的会议中心，亮丽的天空景色能让您摒除杂念，专心致志。同时，这层也有长20m，高踞九龙顶层的户外暖水游泳池，泳池别开生面地配备奇幻的水底光纤照明和水底音乐，充满动感。您可一边享受日光浴，一边享用喜欢的饮料，或欢送醉人的日落后，欣赏夜空闪烁的群星。END

1-3 Tikoro 日餐厅
4-7 客房

杭州人的“外婆家”

THE GRANDMA'S THREE NEW RESTAURANTS IN HANGZHOU

撰　　文｜王粤砾
摄　　影｜申　强
资料提供｜内建筑设计事务所

“外婆家”可以称得上杭州城中当之无愧的外婆家，杭州人去这里吃饭真的如同去自己的外婆家一般随兴自在。近一个多月内“外婆家”开出五家新店的速度有些令人咋舌，而每一间新店又各具特色，风格迥异却又依旧保持着一份温暖心底的舒适。

外婆家湖滨店

名　称	外婆家湖滨店
地　点	杭州湖滨路
室内设计	内建筑设计事务所
室内面积	$1000m^2$

1　外婆家湖滨店入口外景
2　二楼沿街以大面积玻璃窗将不远处的西湖风景引入室内
3　一层入口等侯区

咫尺之外的西湖是外婆家湖滨店最珍贵的一道风景，它的美早已深入这座城市的骨髓，不论时尚如何潮来潮往，似乎都在配合着那一份中式古典的素雅美，它也成为设计中无法忽略的元素之一。

一楼虽然只是等侯区，但已能窥出餐厅多元的混搭风设计。入口的格栅门颇具中式风格，但材质已由木材变成了更现代的钢板。被 LED 发光膜包围着的空间不断变换着色彩，散发出时尚的气息，吸引住来往行人的目光。

一湖春水的绿被引入就餐区，墙面上中国传统的云纹在青绿色意大利进口马来漆的修饰下呈现出瓷的质感，别具婉约韵味。就餐区依平面 L 型走势，被自然划分成两大区域，格局略有不同，也各自精彩。

走出电梯是 8m 层高的舒展空间，带着些乡村风的朴实自在，也不缺古典的精致雅趣，欧风中又夹杂了中式江南元素，熟悉却又加入了新鲜的时尚注解。精细地雕着云纹的人字形屋顶下榫着铜扣的毛竹交叉互搭，营造丰富的空间层次感。一排排摆着粗制陶罐的架子让空间隔而不堵，似乎还处于待烧制的未完成状态，仿佛一段杭城的南宋记忆。而架子下部的仿真壁炉又隐隐让空间陷入温馨的欧式浪漫风情中。

转一个弯，空间趋于紧凑，设计利用层高将空间划分为上下两层，以增加可就餐的区域。下层空间顶部以黑色镜面处理，就餐时一抬头可以看见顶棚上有趣的倒影，拓展出的幻像消解了低层高的压抑感。上层空间主要为 10 人以上大桌而设，其尽头墙面缀着老式的挂钟，却更容易让人忘了时间的流逝。

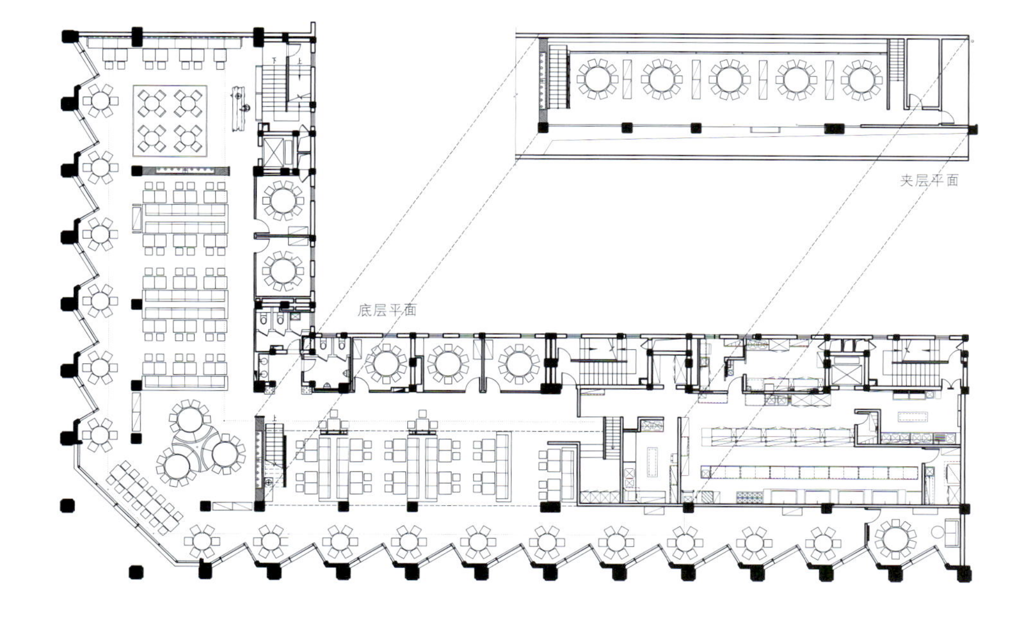

1 设计利用层高将空间划分为上下两层，以现代镂空钢板诠释出的中式格栅连接、统一空间

2-3 一湖春水的绿被引入就餐区，别具婉约韵味

4 精细地雕着云纹的人字形屋顶下榫着铜扣的毛竹交叉互搭，营造丰富的空间层次感

5 下层空间顶部以黑色镜面处理消解低层高的压抑感

6 上层空间主要以10人以上大桌为主，为多人聚餐而设

7 平面图

外婆家·运动会

名　称	外婆家运动会主题餐厅
地　点	杭州古水街
室内设计	内建筑设计事务所
室内面积	1000m²

1 入口等侯区，楼云训练用过的跳马及体操女运动员训练用的平衡木都被赋予了新使命
2 外婆家·运动会入口，以LED大屏幕不断变幻的运动场景点明主题
3 一层就餐区域中以陈列柜区隔空间
4 等侯区与就餐区间的隔断玻璃不但划分出空间，其上贴着的体育明星们的留影也点缀了空间
5 等侯区走道留白的深色墙面便于签名

因为曾经从事过体育运动的业主与体育界颇为深厚的渊源，开一家以运动为主题的餐馆也就应运而生。作为“外婆家”旗下的新品牌，坐落在杭州古水街上的“运动会”在这条依运河而建、各餐馆外观几乎一律是白墙黑瓦的仿古建筑美食街上，以其鲜明的主题个性跳脱出来。

以运动为切入点的主题设计本身就具备了亲和的特质，充满了趣味与参与感，吸引着人们迅速地融入其中。看着“运动会”具有五、六十年代宣传海报风范的店招，迎面而来的是时尚的怀旧风，而门头上方LED大屏幕不断变幻着的运动场景以及店外墙上挂着的孟关良拿来的赛艇正是餐厅毫不隐藏跃动着的“运动心”。

大面积的落地玻璃窗大方地将店内景象呈现出来，与热闹的街景及穿流的人群相互交映。餐厅分为上、下两层，就餐区域基本采用开放式格局以保持动线流畅，人流可以自然地进入各功能区。为满足不同顾客对就餐私密性的不同需求，下层就餐区以陈列柜区隔出公共及半私密就餐区域，上层则以帷幔圈围出一些更具私密感的包间形式就餐区域。

一层空间以深色调及美式乡村风格的陈列柜和餐椅等家具演绎出略带古典风情的怀旧气息，虽然隐去了运动的活泼，但沉稳而大气的就餐氛围却可以让来客们可以静下心来慢慢享受美食，也为各式与运动相关物品的展示提供了上佳的背景环境。沿着一侧悬挂着比赛专用自行车的楼梯间走上二楼，不觉有向上的运动感。

餐厅上层有着让人眼前一亮的开朗，大面积的白色墙面让空间趋于明快轻松，也随时准备变身为大荧幕，配合投影仪一起呈现最精彩的运动画面。空间一头正对楼梯的墙面上大幅表现篮球比赛场景的手绘壁画总能轻易抓住人们的视线，传递着激情与活力。中心地带辟出的吧台是更为休闲自由的聚会区域，吧台上方悬挂着的立方体四面各有一只46寸液晶屏，让各个方位的顾客可以分享共看赛事的乐趣。

而空间中大量的留白设计则让“运动”这一主题得以充分展现和延伸。深色墙面上留下了到访体育名人们的签名，隔断玻璃上贴着他们的合影，顶棚、四周吊顶、墙面也是划艇、拳击手套、雪撬板等各式运动器械装备的大秀场。而另一些被派上了新用途的旧物件则让空间更有故事性，当年体操女运动员训练用的平衡木已然化身等候区长凳，体操世界冠军楼云训练用过的跳马上也可以摊放上时尚杂志闲闲立在迎宾台一侧，等待来客们慢慢去发现。

VICTOR

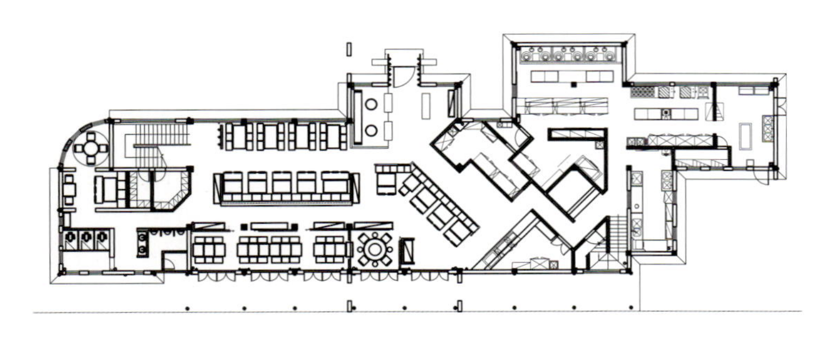

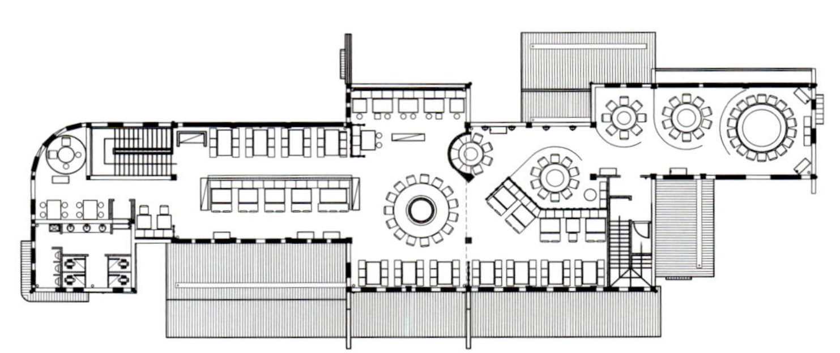

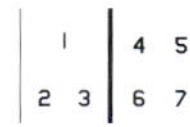

1 就餐区域基本采用开放式格局，也是各式运动器械装备的大秀场
2 一层平面图
3 二层平面图
4 楼梯间以比赛用自行车装点，极具动感
5 上层以帷幔圈围出一些更具私密感的包间形式就餐区域
6 上层就餐区白色墙面让空间趋于明快轻松，大幅表现篮球比赛场景的手绘壁画成为视线焦点
7 下层就餐区中深色美式乡村风格的餐椅等家具演绎出略带古典风情的怀旧气息

外婆家万象城店

名　　称	外婆家万象城店
地　　点	杭州万象城4楼
室内设计	内建筑设计事务所
室内面积	$830m^2$

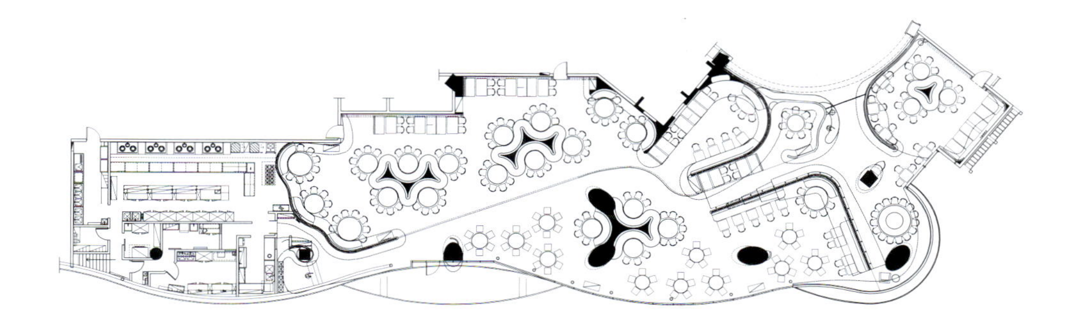

号称杭城第一个真正意义上SHOPPING MALL的万象城里当然少不了“外婆家”的加入，否则就少了那些温暖的熟悉味道。

由于店址位于建筑中异形的转角，加之平面中凌乱分布的柱子，都对设计提出了不小的挑战。最终，设计师选择了以异还异，用异形元素贴合异形空间，重构空间秩序，建立起乌托邦式的异想世界。

走进店内，虽然明明身处室内，却意外地有着半户外感的错觉。山体、岩壁、洞穴、丛林、毛竹等自然的元素以时尚、前卫、异形的风格表现出来。视觉的冲击来自包裹空间的金色异形墙面，如山体岩壁般层叠回转。两面屹立的墙面夹出一段不宽的通道，向里走是豁然开朗的就餐区，其尽头是一片植物墙，让人不由地想起“山有小口，仿佛若有光”之后的桃花源。

为了争取最大餐位数，就餐区维持着开敞的布局，而有着柔软高背的卡座与合理的餐桌分布则仍能保持就餐时的相对私密性。起伏的墙面走势带来空间关系的不断变化，流畅而贯通，充满动感。灵动的线条自然地引导着行径路线，同时也区划出一个个小就餐区域。而原本困扰空间的柱子以玻璃钢经雕塑手法塑形出竹子造型后，也完全融入整体环境中，不再是无规则的破坏者。为遮挡管道而做的吊顶同样具有造型感，基于空间的统一性，色调与墙面一致，隐于其中的点点灯光如同繁星让顶面也有了户外般的星空感。坐在餐厅中，在不同灯光、色彩的调和下，身处不同的方位，每个人都能展开不一样的想象空间。END

1 异形元素贴合异形空间，造成强烈的视觉冲击
2 平面图
3 原本困扰空间的柱子以玻璃钢经雕塑手法塑形出竹子造型后，完全融入整体环境中

仁清日式料理金茂店

NINSEI·JINMAO BRANCH

撰　文 | 银时
摄　影 | 贾方

地　点	上海市浦东新区金茂大厦附楼3楼
设计师	小川训央、邹钟贺
设计团队	上海英菲柯斯设计咨询有限公司
建筑面积	1100m²
设计时间	2008年5月10日
竣工时间	2008年10月10日

一直以来，就餐环境便是日式料理店中除了餐品之外，令店家投入极大注意力的环节。对于客人而言，富于和式静谧幽玄风情的日式料理店室内空间也是令进餐心情愉快不可或缺的一环。位于上海浦东著名的金茂大厦内的仁清・金茂店，是日式料理老店仁清（NINSEI）的分店，在浦江江景和周边高层建筑群的环绕中，为喜爱日式料理的老饕留出一片东方风浓浓的就餐空间。

日餐的表现手法，极其注重与季节的呼应。这种呼应不仅是最大限度地发挥应季食材的鲜味儿，并赋予其创意；即便是在菜品的拼摆以及餐具的选用上，也会尽量融入季节的气息。日餐，就是这样一种与季节密不可分的料理。

在店铺的创建中，设计师便力图表达这种"应季而食"的心境。而对于四季的感觉，从来就离不开天空。从古至今，有很多诗人就是通过天空来感怀、歌唱四季。高远而空旷、万里无云的天空，变换着季节推移时的景象。随风而至的鲜花的清香，在炎炎烈日下守护着我们的绿荫，色彩亮丽的红叶和闪烁着凛然光辉的月亮，安静地飘舞的雪花。向天空延伸的小道，能最真切地感受到四季的交替。因此，设计师在原本就已非常宽敞的平面上，随着向深处的不断推进，上方也打开的空间构成，使得整个空间充满开放感，让人仿佛置身于无限空旷的天空。在享受来自于四季的恩惠的同时，也体验着由此向上无限延伸的开放空间带来的美妙感受。正是这里的春夏秋冬，代表着日本料理，进而反映出日本文化的特色。希望客人在这家日本料理店邂逅到每个季节最美丽的一面，这是店家和设计师共同的心愿。END

1　一层主入口
2　一层大厅
3　一层平面图

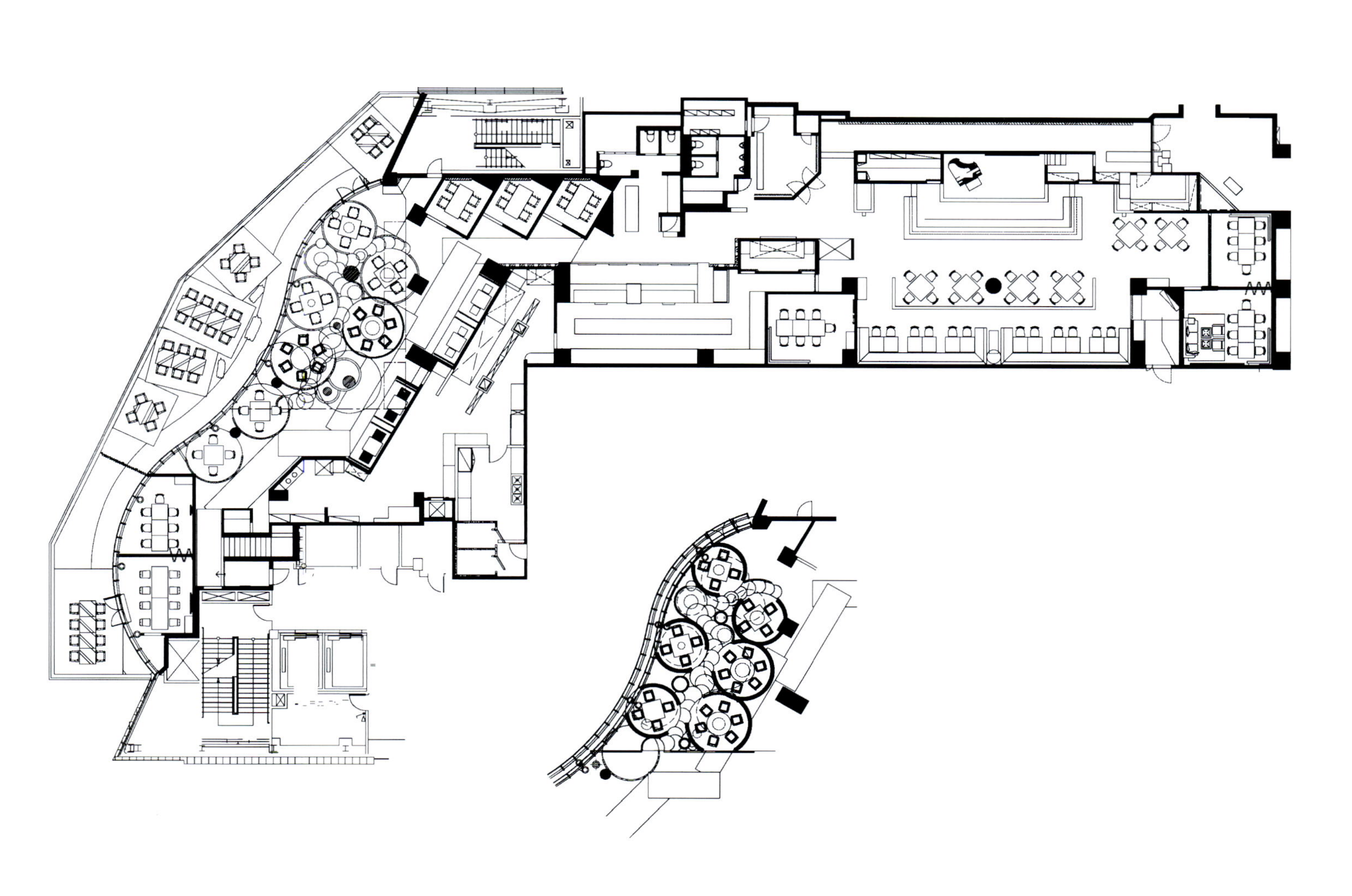

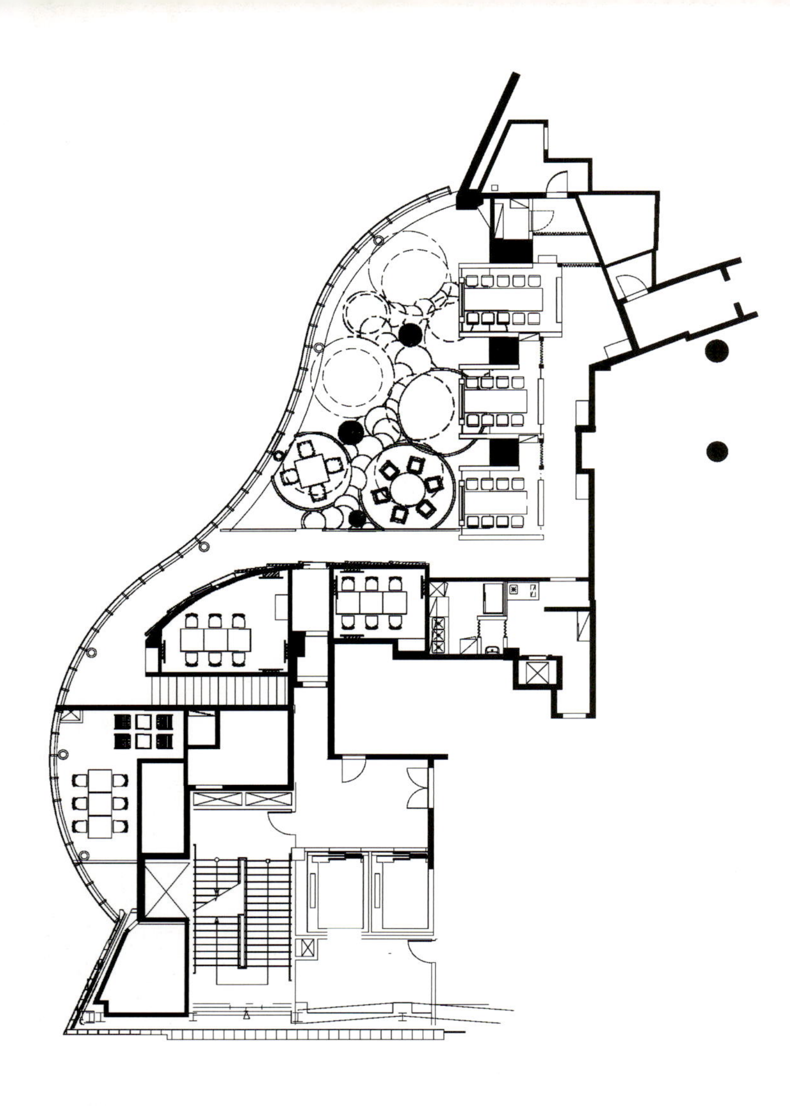

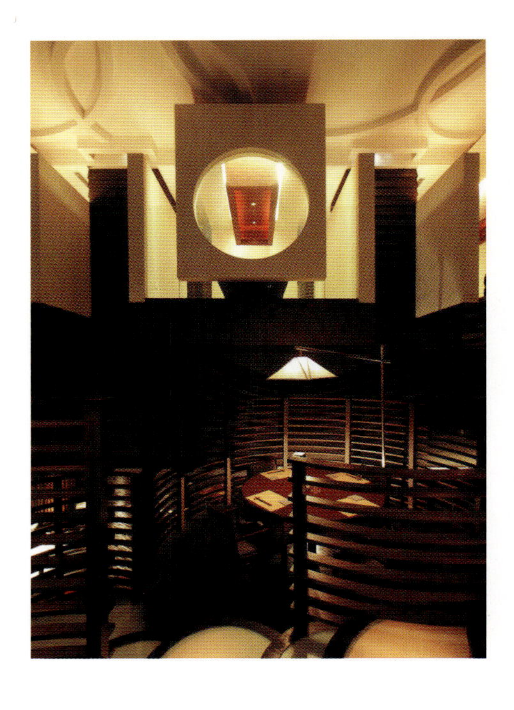

| 1 2 | 6 |
| 3 4 5 | |

1 二层平面图
2 中央挑空用餐区局部
3 二层榻榻米
4 一层半包房
5-6 中央挑空用餐区

EXIT

屋马烧肉町
UMAI YAKINIKU

撰　文 | 晴石见设计
摄　影 | 吕荣德

设计团队	晴石见设计 （洪嘉彦、杨雅惠、周劭璠、田謦祯、吴旭峰）
地　点	台湾台中市
面　积	室内286.5m²
主要材料	天然石材、玻璃、铁件、硅藻土、花窗格、日本进口布料、钢索、铁杉实木
设计时间	2008年4月
施工时间	2008年7月

带有一点日本文化古城的怀旧，空间，就从这里开始。

我们不一定都进过烧烤店吃烧肉，但或许应该都有过路边家门前报纸一铺就蹲坐围炉烤肉升火的经验吧？全家大小一起努力摇扇一边加炭，左右邻居闻香而来，“烤肉”成了彼此促进感情、联谊的最佳活动。

位于台中市公益路上的屋马烧肉町，有别于一般烧烤店，就是要提供一个融合空间文化、饮食文化的商业空间。我们的记忆来自于对文化的感受，要如何使商业空间不只是快餐消费文化下的昙花一现，而是成为大家口耳相传的共同回忆，便是设计师要面对的课题。

用文化的角度来切入，我们从日本传统文化出发，发现代表着日本传统精神的和服，可称之为艺术文化的经典。运用到空间上，撷取不同风格、花色式样、材质的和服布料作为空间主轴，用突破传统的不规则分割线条拼接出日式和风华丽的主要墙面，典雅而赏心悦目。

外观上从沿街路面上看来是现代的，要表达的也是一种现代生活中一同相聚，围桌共进餐饮的热闹感。为了让沿街的人从视觉上就能感受到店内的气氛，进而来到店里坐坐，所以临路的界面是整面落地玻璃拉至二楼，强调室内外视线和光线的通透性。

入口退居右侧一边，保留大面对外视野，使座位区与外界保持视觉联系。外观由落地玻璃可看到室内座位区用餐环境，亦是一种我们对于都市消费文化的展示状态，对室内来说也是对都市视觉景观相对的延伸。外面开放区以南方松铺面作为等候区，进入室内迎面是以传统居酒屋意象塑造的接待柜台，并且延伸到侧向的厨房出餐吧台。铁杉拼接的自然和温暖色调，加上居酒屋的接待形式表达亲切温馨的感觉，凿面花岗石柜台台面呈现原石自然手工质感。空间中的钢索用现代、简单利落的线条拉出空间轴线，带领宾客进入传统日式氛围的空间，也拉出虚实空间的转换。在角落、端景处配置景观植栽，主墙面以一系列传统日本和服布料拼花，带出日本传统文化的优雅与华丽美感。座位区安排传统和室座位，解下双脚束缚席地而坐的同时也拉近彼此之间的距离。

用餐，应该是轻松且愉悦的。配合烧烤店用餐空间，更另外设计订制灯具，明亮醒目的红色灯笼聚光灯，照出一桌桌团聚的温馨气氛。商业空间经过巧妙的设计与安排后，烤肉也可以很艺术。END

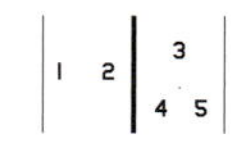

1　光线由排列整齐的玻璃酒瓶下透出不一样的空间色彩
2　天然石材仿岩壁处理的自然粗犷质感搭配清透玻璃面溢散出来的暖光源
3　仿若置身樱花纷飞的空间氛围中
4　平面图
5　斜向的空间钢索转换视觉方向

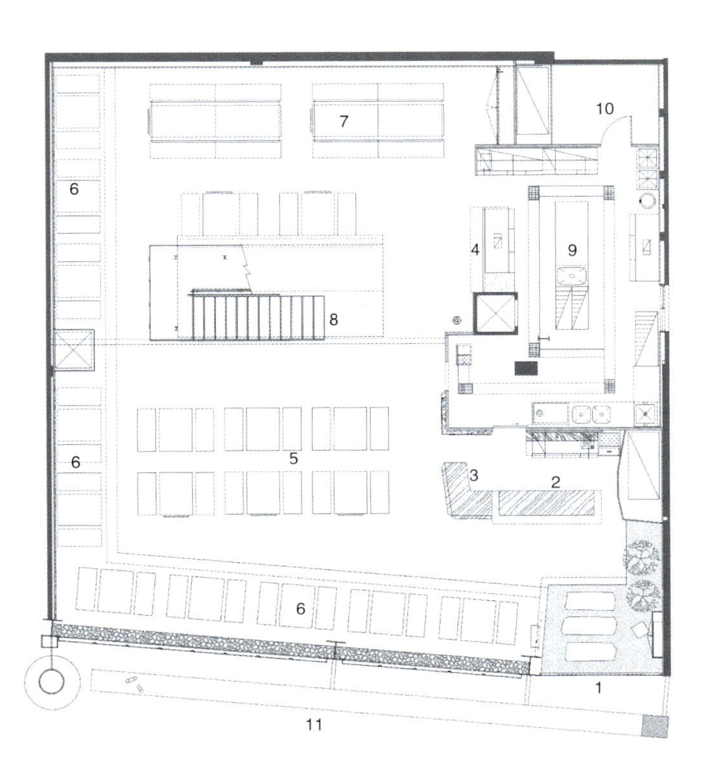

1 入口
2 接待柜台
3 结账区
4 出餐区
5 一般座位区
6 和室座位区
7 团体座位区
8 往 2F 楼梯
9 厨房
10 仓储区
11 户外等候区

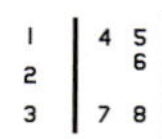

1 灯笼型式设计的订制灯具
2 和室般席地而坐的用餐区
3 运用日本进口和服布料，以不规则线条拼接出东方华丽风情
4 团体用餐空间
5 传统和服布面拼接及日式挂画
6 日本文化古城意象的用餐空间
7 垂直钢索呈现细雨的感觉
8 空间中的钢索由入口延展至楼梯垂直而下，拉出空间轴线

1 中央楼梯以垂直简炼的钢索线条延伸而上
2 用钢索似虚又实围塑中央楼梯
3 楼梯铁件烤漆栏杆与木夹板染色踏阶

名设计师看世博
——“城市建筑与城市生活”论坛

撰 文 | 李威霖 姚远
摄 影 | 韦然 赵鹏程

举世瞩目的中国2010年上海世博会已经拉开帷幕，此次盛会以“城市，让生活更美好”为主题，充分展现了建筑在城市生活中的作用及价值。为了探讨此次世博会的建筑特色以及对中国建筑界发展和社会生活的影响，中国建筑工业出版社联合山东金晶科技股份有限公司于2010年5月24日下午在美丽的黄浦江畔隆重举办了“城市建筑与城市生活”论坛暨《二〇一〇年上海世博会建筑》新书首发仪式。

在世博的名义下此次论坛，邀请了参与世博会建设的著名建筑师详细解析其设计，亦邀请了业界有影响力的知名建筑师与室内设计师以及建筑教育界专家共同进行学术研讨。70余位国内知名的学者们齐聚一堂，给这几个耳熟能详的关键词——城市、建筑、生活予以建筑学意义上的评述。

世博场馆设计师如是说

王兴田　（日兴设计・上海兴田建筑工程设计事务所总经理、总建筑师，世博会韩国馆、新加坡馆中方设计师）：

做韩国馆的时候，关键是一个概念和技术的碰撞与融合。我们通过投标拿下这个项目以后，关键是利用中国的技术来转换概念。大家知道，韩国以前一直是延用中文的，只有发音是韩文，发音只是字母，没有任何意义，是一种符号，而首尔的地图则是一个空间的符号，韩国馆的设计就是由这两种概念构成的。在整个转化过程当中，最困难的是表皮肌理。韩国馆最具有代表性的文化特征就是它的文字符号空间化。一个简单的概念深入到一个机制，从大的形态到内部空间，以及内部空间之间的交流，使得这些符号相得益彰。在韩国馆的整个建筑当中，实际上我用的是同一个概念。整个馆是架空的，世博很多场馆都采用架空的方式，因为世博会期间上海是非常炎热的，这样一架空，使外面等候两三个小时的人可以得到休息，再通过一些水流，为等候的人们提供一个舒适的环境。新加坡馆也是这样的概念。另外我们还做了低碳设计，用自然通风和气流对流交换，达到环保的效果。我觉得在看世博场馆的时候，在对空间形态、文化概念探讨的同时，还应该关注科技自然的概念。

曾群　（同济大学建筑设计研究院副院长、世博会主题馆设计师）：

实际上我们做这个建筑可以说是在没有退路的情况下做的，在座的各位建筑师应该会经常碰到这种项目。我觉得世博场馆跟别的项目比起来，它更加没有退路。别人一直说拿到主题馆这个项目你是不是非常高兴，我说我在5月1号之前心里的忐忑不安远远要超过高兴，这是我最大的感受。讲得更精确一点，2009年9月30号移交给布展，从那个时候起我才感觉稍微轻松一点，在这之前我没有任何的自豪感，或者说优越感，或者说新拿到一个项目的感觉。这个项目还有一个特点——从内到外，从室内设计到景观到标识全部都是由我们这个团队完成的，所以要对所有的效果负责。从这方面来说，我觉得在一个没有退路情况下做设计和在有退路的情况下做设计是完全不同的，能够在这样的状况下做主题馆设计，我自己也是非常荣幸的。

王振军　（中国电子工程设计院集团总建筑师、世博会沙特馆设计师）：

我和曾群的感受一样，忐忑不安啊！我们是通过国际竞赛拿到沙特馆设计权的。世博会是一个跨文化领域的交流，就这届世博会来说文化交流是非常重要的，我们做这个项目从创作的根本出发点就是要在世博会上做一个文化的建筑，把沙特的文化最大限度地装进去，来和全世界的客人交流。我们做的工作简单来说，首先是讲一个故事，这个故事要美好，要反映中沙友谊，所以我们就讲了一个月亮船的故事，因为月亮船代表着美好和吉祥，同时它又是中沙友谊的载体；海上丝绸之路的载体；其次，我们把很大的精力放在空间营造上，从等候空间到进入空间再到展示空间，再到第二层的展示空间，所以这个馆现在看起来空间上比较丰富。我们还着重做了参观方式的创新——我们称之为立体式全景融入式参观体验，就是人和展品是融合在一起的，打破了传统的二元定制的参观方式，所以很多人进去会尖叫，会有一种心潮澎湃的感觉。最后我要说的就是，建筑有它本身的创作规律，是有章可循的，欢迎大家参观沙特馆。

姚栋　（同济大学博士、世博会城市最佳实践区“沪上 · 生态家”设计师）：

和之前诸位老师宏大的作品相比，我们做的是一个很小的建筑，一共只有3000多平方米，我相信去过世博会的同仁进去的很少，但其实它跟我们的生活是最接近的，它展示了一个生态环境。这个建筑的具体内容我不想讲太多，讲到整个参与这次世博会的经历，我最深的感受就是可以把我们的建筑设计和生态新能源的利用、以及各种生态科技的利用拉得非常近。在参与这个项目之前，对我个人而言，新能源、生态建筑都是很遥远的事情，但是通过这个建筑，我们实际用到的有30多种技术，这些技术非常贴近我们的生活，可能建筑师做的只是很小的一部分，通过很微小的调整工作就可以把它很好地融入到我们的建筑当中去。举一个直接的例子，我们这座楼里面用了很多的薄膜光伏玻璃，世博会大多数的建筑都有这个，都是在屋顶上，是你看不到的。这个薄膜的光伏玻璃可以跟建筑很好地融合，可以做在你想要的任何一个部分。参观过世博会之后，我想所有的建筑设计师都有这样的冲动，希望下一个作品当中能够融入低碳的生态技术，我想说以我们自己的经验看，并不是那么难，只需要建筑师动一点点脑筋，就可以使自己下一个作品更生态，更有环保的作用。

沈雷　（内建筑合伙人，世博会城市生命科学馆、中国馆贵宾层室内设计师）：

我是代表中国美术学院来做这两个项目的。城市生命馆和中国馆贵宾层是两个完全不同类型的设计，城市生命馆的设计周期非常漫长，我们是后面介入到空间设计的。空间设计在整个馆里面是非常小的一部分，是一个多媒体的综合，我们在做的时候一开始有点用力过猛，过后体会这个空间，更多的像舞台美术的设计。而中国馆的贵宾层即中国馆的最顶上的那一层和下面一层的设计，是一种艺术品的设计，其功能类似人民大会堂休息的地方。我们主要是想通过艺术品的引入，创造一个具有上海特色或者江南韵味的视觉形象。在这两个项目里面得到的感受是不一样的。

顾英　（同济大学建筑设计研究院、世博会英国馆、卢森堡馆中方设计师）：

英国馆开园以后吸引了很多人的目光。它的表皮构件是亚克力材料，这个构件在里面的一端有大约 6 万颗种子，外观的效果是毛茸茸的、轻微摆动的效果。它不是很硬，有一点垂度，看起来很柔和。我参与英国馆的设计，通过跟主设计师的交流，发现他有一个特点——教育背景非常复杂，受过工业设计以及美术设计的教育，也就是说他跟我们国内纯粹意义上的建筑师并不完全等同。正是由于他这种混合的教育背景，他做的设计也不仅是建筑设计，还包括工艺品设计，他设计出来的英国馆也与纯粹的建筑师设计的有点不一样。英国馆作为国家馆，体现了英国馆在各个方面都要领先的理念，一个是整体概念的与众不同，它的展品、展示以及建筑都是一体化的，不像其他的展馆先由建筑师设计出来，然后再由布展设计师来布置展品。另外，色彩的控制、尺度的控制都非常的到位，包括 VIP 区也是延续了外面单一的风格，室内是没有吊顶的，基本上颜色跟室外完全一致。最后，我体会比较深的就是设计师在过程中相当敬业，从开始到最后基本上每两个月都会到国内来待 7 到 10 天，跟施工方、设计方一步一步跟进。因为在各个环节施工上都有很大难度，所以我们在这个过程当中也进行了周密的配合，一直到开馆之前，设计师还是要求进行一些微调，以达到完美的效果。

陈龙　（多相工作室合伙人、世博会万科企业馆设计师）：

我们的工作室是一个年轻的团队，也很荣幸能够有机会参与世博会的场馆设计。我们做的万科馆实际上最开始业主提的主题就是环保低碳，我们把材料作为出发点。麦秸秆在中国是一个大量的资源，以前都是被烧在农田里面的，造成了二次排放，本来农作物吸收了二氧化碳，固定在自身中，有一小半是在粮食里面，农民把这些麦秸秆都烧掉又重新排放给大气了。我们觉得这种材料实际上是更环保、能更长时间把二氧化碳固定起来的一种材料，所以以它作为出发点。由这个材料确定了建筑形态，其实设计背后还是一个非常理性的过程。我们比较重视使用自然材料、自然通风、自然采光，提倡舒适。至于建筑外立面上的“2049”标识，是来自王石的想法。2049 年是建国 100 周年，在建国 100 年的时候我们会是一个什么样的状态？实际上是向所有的参观者提出了一个问题。

姚明舒　（金晶科技股份有限公司国内销售部总经理）：

作为原材料和解决方案的提供方，我们跟很多设计师有交流，感觉他们对一些新材料似乎不是很了解。我想可能是因为生产厂家的推广力度不够，另外可能材料经过一些后续的加工才能走进建筑里面，中间缺少一个平台。基于此，我们近几年跟设计方进行了大量的交流工作，比如去年我们在做世博轴的时候，跟设计方多次交流，了解到他们的概念就是让阳光自然地投入世博轴的喇叭里面，同时一定要还原 LED 灯播放的真实的感觉。我们考虑超白玻璃具有较强的通透效果，又不像普通玻璃那样带有绿色，能够还原 LED 灯的真实颜色，正好符合设计方的要求。材料方与设计方加强合作和交流，会对设计带来更多促进。

设计师如是说

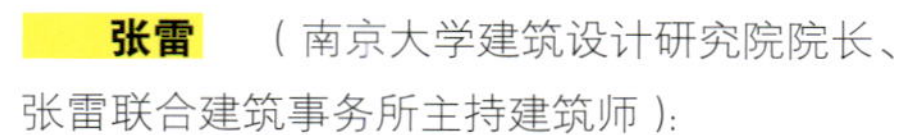

张雷　（南京大学建筑设计研究院院长、张雷联合建筑事务所主持建筑师）：

昨天看了一下世博会，天气特别好，场馆里面的人也不是特别多，看了以后感觉非常舒服。当然，看也是一个学习的过程，刚才又听了何院士和其他同行的介绍，稍微谈一点我个人的感受。因为没有非常仔细地看，所以我谈的感觉可能也是走马观花的。园区分为两个部分，一个部分就是一轴四馆，这是永久性的，以后会一直留在个地方的，我就用了一个词叫浓墨重彩。实际上这也是非常重要的事情，从建筑师、设计师角度看会觉得有很大责任把它做好，以后会一直在这儿，以中国馆为代表的一轴四馆都非常有分量。另外一些场馆是临时场馆，可能是比较短时间的存在，只有6个月的时间。我看这两类场馆是不一样的，一个是浓墨重彩，另外一个就用一个词叫轻描淡写。那个状态就是轻描淡写的状态，因为毕竟它是一个临时的建筑。当然每个建筑都是要花很大的心思，感觉是不一样的，所以我就用轻和重。刚才我写了几个"轻"，我觉得英国馆是"轻浮"，荷兰馆是"轻狂"，瑞士馆是"轻率"，芬兰馆是"轻盈"，墨西哥馆是"轻佻"，这就是我个人的简单印象。

周恺　（华汇建筑工程设计有限公司总建筑师）：

几个月前我也来过一次世博园，正好下雨，我们没带雨伞，就冒着雨在里面看。昨天来之前担心会很热，没想到玩得挺好，也说明世博会整体规划不错。很多馆都给我很多的启发。欧洲那一块我们看得最多，后来乘车到了亚洲这边，最后乘船过来看浦西片区，都各有长处。给我印象最深的，或者说我比较喜欢的一个馆就是万科馆。刚才设计师也做了一些介绍，无论是从材料还是建筑设计本身，我觉得都非常有意思。这个建筑非常简单，但是非常有意思，而且不失展示建筑的特性。很早我们就知道要做这个馆，知道他们也想了很多的方案，我觉得这个年轻的团队在国际大型的世博会当中能把这个项目完成，我觉得非常棒，我很喜欢。

齐欣　（齐欣建筑设计咨询有限公司董事长、总建筑师）：

两个月前跟一些设计师来参观过一次，但是上次没有去浦西，这次把浦西也看了一下。感觉是中国向世界开了一扇窗，也是把世界展示给中国，琳琅满目，很多元，像一个微观的城市。建筑的多元化，包括文化的多元化，实际上是大势所趋。我们讲的主题是建筑使城市更美好，城市使人的生活更好，有这么多人可以享受世博会的成果，给很多人留下了美好的印象，但是有一点遗憾，尽管世博会使得上海这座城市变得更好了，比如说有虹桥枢纽、地铁、新外滩等等，如果这个事件散播在城市里，

做了好几个方案，定了一些材料，做了一些 1：1 的测试，一些年轻建筑师去看了都感觉特别棒。英国馆现在造出来，和一年多前测试的效果是一模一样的。

陈耀光　（中国建筑学会室内设计分会副会长、杭州典尚建筑装饰设计有限公司创意总监）：

这次看世博也是匆匆的，因为拥挤，无法全部浏览。作为一个室内设计师来说，我认为世博建筑重新让我思考到一些建筑本质的东西。来自世界各地的参观者从外部空间走向室内空间，室内设计师的工作就显得如此被关注和重要，这是本次世博会给我最深的印象。世博的主题是"城市让生活更美好"。美好有很多含义，体现在视觉上应该是浪漫、唯美、神圣，让人有一些视觉的冲击和惊喜。由于时间关系我只看了英国馆和西班牙馆的外观，还有法国馆、德国馆，这里面我认为不同程度地反映了他们本土的文化和对科技技术的把握。德国馆我认为做得是超前的浪漫，用空口漂浮的城市来诠释未来的城市景象，打破了原来的建筑体块，没有像西班牙人那么热情，但是能够让我感受到愉悦。这是我第一次看到德国设计一些内在的震撼，其表达方式是内敛的。西班牙馆是一层皮，我想可能是因为当代人的生活节奏和压力，他们已经没有再多的精力去看原来建筑的模样，更加愿意看一些表皮，看一些感情故事。总之震撼确实不少，往往我们做室内设计会游离于建筑空间以外，我认为应该向建筑师学习他们对空间把握的能力，对本质的关注。我希望能够更多地在这个启发下面重新界定今后室内设计的努力方向和目标。

叶铮　（泓叶室内装饰设计有限公司设计总监）：

我一直在关注世博，不仅仅作为设计师，也作为一个普通的上海市民在关注世博。我们经常听到一句话叫"我们要办一届成功、精彩、难忘的世博"，那么我们看到了吗？到底这届世博会给我们留下了什么成功、精彩、难忘的东西？这可能超乎室内设计的范畴。我去了几次，从个人的感觉来说，我本来是带着强烈的学习目标去的，这么近距离、短时间地看到世界各国的设计，既欣喜，相对来说也有失望。现在谈得比较多的中国馆或西班牙馆，给我们所带来的设计感受、观念上的冲击，使我们看到了最新最前沿的设计形式和设计手法，同时也看到了自己做的设计，从中不难看到差距，也留下了很多的遗憾。我始终感觉中国的设计师，中国的建筑师还可以做得更好。另外谈点细节上的感受：本届世博会提倡环保绿色，我们看到了大量的 LED。现在谈起照明都是一边倒的，都在讲 LED，但是在园区里面看到的景象更多的是雷同，甚至于一些白天看起来很好的建筑外形，比如说一轴四馆中的主题馆，我个人很喜欢，但是晚上 LED 灯光打了以后，我觉得对整个感觉、整个品位没有起到太多的提升，相反有些破坏。而且无论在室内还是在室外，这么多的 LED 灯光手法很单调，大家都在用，很多地方并没有真正体现出照明的精彩和灵活。所以我觉得在这个大的主题下，我们怎么用好 LED 灯光照明设计，还是需要建筑师、室内设计师、照明设计师进一步去研究的。最后，还是基于环保的理念，我们花了这么大的代价，一小部分保留，更大一部分是拆除的，这个行为是不是我们的初衷呢？我觉得留下了一系列的问题。

王兆明　（中国建筑学会室内设计分会副会长、黑龙江唯美设计总经理）：

非常感谢两家单位给我们这样一个交流、学习的平台。我没有去过世博园，也想抽出时间去看，但是信息量太大，怕一次看不全。我觉得争议是正常的，作为一个室内设计师，室内设计有很多争议，从无到有，到现在展示建筑，可以说是历经了风风雨雨。每次世博会的展品、技术都会给世人留下一个深刻的印象，我希望我自己能认认真真地有个时间来好好看一下世博会。

建筑学教育专家如是说

张颀　（天津大学建筑学院院长）：

我也多少参与了一些世博会的工作，地区馆里面有31个省市自治区，我带着学生做了天津馆。通过这个工作我们的学生在一起议论，的确是有一些想法。怎么说呢？大家都觉得世博的理念、主题非常好，就是"城市让生活更美好"。不光是我们这些建筑师，还应该让决策者、组织者甚至施工者方方面面都应该明白它究竟指的是什么。今天有嘉宾提到城中村的概念，吴老师也提到环保低碳，我就拿我们做天津馆的例子简单地讲一下。因为我们做过一个天津利顺德大饭店的保护修缮，是1863年建的，国家重点保护单位。后来要建天津馆时，天津市的领导说天津馆就要反映天津的特色，按照天津的小洋楼去建天津馆。当时天津市商委委托北京的一家展览公司做了一些方案，市长看了以后不满意，那么因为我们做过利顺德的保护修缮，所以就找到了我们。结果在设计过程中，第一次到现场我就发现不对，柱廊和窗户都对不上，都偏了，要拔了重来。我第二次到上海来，不知道这些材料是从哪儿来的，我说必须要看一下生产的厂家，坐车坐了将近三个小时往上海的西边开，最后开到村子里，开到没有路了，有三间厂房，亮着非常灰暗的灯，一个大妈、一个大婶还有一个大哥在那儿做材料。大家都想像不到天津馆的材料是由他们做出来的。我们的学生在那里待了两个月，那里面乌烟瘴气的。这么多优秀的建筑对我们的学生来说是一个特别好的学习机会，但我希望从这些细节上挖掘一些思考。现在学生不光是学建筑设计，他们的知识面也非常广，我们要求他们在做设计的时候要考虑到诸多方面，同时要把方案做好。是不是绿色，学生对这方面学习以后，印象非常深。在方案里面一般都要有一些新技术、新材料的应用，真接触实践以后，他就发现，不光是房子出来的质量要求非常高，另外还要考虑到有什么恶果，包括这些承接的公司、施工队，他们会觉得世博会都能这么做，别的房子怎么样？我还要去认真地干、选择一些真正好的材料吗？还要做得那么精细吗？这个恶果可能比较严重。世博会让上海的城市更美好，但能不能让生活更美好？还是要反思的。

魏春雨　（湖南大学建筑学院院长）：

昨天去看世博会，感觉有点像刘姥姥进了大观园。我最后得出一个结论：世博基本上就是一个庙会，现代庙会。我进了非洲馆，在里面可以做一些互动，我觉得比排三个小时的队到一些国家馆里面只能看五分钟的效果更好。我觉得现在世博会的功能可能有点异化了。100年前有世博会是因为那时候没有互联网，信息没有现在这么发达，需要远渡重洋、翻山越岭，把自己的好东西拿出来给大家看，进行文化、科技的交流和发展。现在资讯这么发达，好东西太多了，拿一些代表性的东西在这里建这么大规模的建筑，我觉得倒可以虚拟世博馆了。将来的世博是什么样的形式？这是我觉得需要反思的。我只是一个看客，因为没有深入到馆里。从教学的角度来看，对我们的学生来说，不能只学建筑问题，要想做好建筑，还得关注建筑以外的问题；也不能太学建筑结构，现在看到的建筑好像很多都是违反教科书上结构原理的；

还不能太学建筑材料，因为我们看到的很多都是非建筑材料。这些对我们的建筑教育还是有某种促进作用的。有些学生看了之后可能会走歪，不管怎么说，只要有冲击就是好事。

李保峰 （华中科技大学建筑学院院长）

刚才张颀讲的是施工期间的一些启发，我讲讲运行过程当中的启发吧。我们20号开了半天的会，是在零碳馆开的。我不敢说是零碳，但可能是低碳节能的。世博会的主题就是可持续发展、节能环保，它的采光、通风全都是自然的，我觉得这点值得我们学习。

杜春兰 （重庆大学建筑学院副院长）：

刚才大家都谈建筑本身，我个人体会的是环境。今天我们看到一个世博轴的介绍，阳光谷就可以搜集7000立方米的雨水，有两层，到地下的管道。这点我觉得非常好。如果我们能够做到雨水的二次利用，这点本身就是低碳主题的体现。我们昨天去世博园，看到很多人，基本上分成两类，一类就是排队，还有一类就是累到不行，坐那儿休息，就发现座位远远不够，休息区设计得还是不够。另外就是我感到绿色系统设计看得出来总体以乔木为主，非常少用大草坪，大量利用树荫，这样节省空间又遮荫，让我感触很深。我还有一些担忧和一些想法，比如让大家非常惊奇的馆更多的是艺术化的设计，其建筑更多的是雕塑化的感觉，如果学生放假以后大量来看，回去以后，我们让他做任何一个东西，我就怕他弄出一个雕塑。此外，我们要教给他们一些非主流的建筑材料也可以看看，这就更加扩大了建筑材料的教学范围，扩大了反结构的思维，扩大艺术化或者反艺术化的思维，可能我们的教学会有一个新思考。

钱强 （东南大学建筑学院教授、联创设计总建筑师）：

我参加过爱知世博会的前期策划工作，两个星期之前我在广州做过一次演讲，比较了一下40年前的世博会和5年前的世博会。关于世博会的话题很多，把它归纳到建筑教育，这是一个培养人才的世博会。回顾1997年的世博会，启用了一些青年建筑师，给他们提供一个很好的设计舞台，使他们崭露头角。我想2010年上海世博会有两个值得欣慰的地方：比2008年北京奥运会要好；也给本国的设计师提供了一个很好的舞台，给青年设计师和在校学生们一个很好的影响。我们希望青少年能够去参观世博会，10年、20年以后这批人能够成长起来。世博会是展示未来、展示梦想的。上海世博会究竟向世界传递了什么样最先进的理念和最先进的技术？没有先进的技术也可以有先进的理念，上海世博会究竟向青年发出了怎样的信息呢？这点我觉得我们要反思。

饶小军 （深圳大学建筑学院副院长）：

我就没有太多可以说的。今天下午听了一个主题报告，拿了一本书，我对世博会是满心期待的。明天上午我一定会带着大家的介绍和大家的体验去看一下，暑假的时候我们也会带着学生来参观，我们会把世博传达的信息向学生进行一个传播。

孔宇航 （大连理工大学建筑艺术学院教授）

我还没有去看过世博园，这样我反而可以谈一些其他的事。我觉得这不是一个小事件，对中国30年的建筑实践可能会产生很重要的冲击。我记得在2000年很多人写文章，探讨21世纪未来建筑。我觉得世博会这样的事件对我们中国建筑未来发展有一个大致框架，就是能够知道未来的方向不是幻想，能够产生一系列的变化。我前两天刚刚参加了一个芬兰建筑师的探讨，他们建筑师的成长和脱颖而出都是靠竞赛出来的，这次世博会很多欧洲馆都是这样做的，而这个机制中国没有形成，造成青年建筑师竞争机制的缺失。我们怎么样使我们的年轻建筑师脱颖而出？好像没有这样一系列的行为。而对学校教育而言，这个事件对建筑教育的思维和建筑创作的主体思维应该产生一系列的冲击。国际上建筑师应该进行什么样的思考？一些新的技术怎么样跨学科地来引导建筑教育？这几点是我们要思考的。

方海 （北京大学建筑学研究中心教授）

世博会本身从它一开始主要意义就是展示科技方面的成果，展现全世界的生活水准和当时的城市生活。从这方面来说，任何一届世博会都是人类进步的接力棒。从1851年英国办了第一届以后，每个国家都会争取接到这个接力棒，这样本国或者世界各国就会把自己最新的成果拿来展示。这是一个通过交流发展的过程，这就是世博会的意义，是与人类社会的进步有关系的。我在芬兰生活了十几年，它虽然是一个小国家，却能够在很多方面领先，被联合国评为最适合人类居住、环境最好的国家。从城市建筑来说，其成功的原因就是它自己国家举办“世博会”，他们叫住宅博览会，每年都会在不同的镇上举行，带动一个地方的发展。世博会给任何一个主办国或者给整个人类带来积极影响，同时也给我们建筑师提供了一个很好的机会可以展示自己的才华。另外，从教育方面，或者是设计师吸取灵感方面，都是特别重要的。不管是北京奥运会还是上海的世博会，还是未来深圳的大运会，这些大型事件都是带动城市建设和生活的，尤其是环境方面。比如说在上海我们就明显地感受到上海的交通有了非常大的提高，短短5年的提高可能比过去100年的动作还要大。还有市民的精神面貌也有了非常大的提高。前两天我看到一个报道，采访一个韩国企业总裁，问他对上海世博会有什么感受。他答非所问，就说发现中国人的态度改变了。这就反映出，世博会会带来方方面面的改变，包括很多基本的层面，这不是一下子就能够达到的，是一个漫长的过程，在这个漫长的过程中，通过一个大事件，会得到一个飞跃性的提高。END

泰国普吉岛乐古浪酒店度假村
LAGUNA RESORTS & HOTELS PHUKET THAILAND

撰　文 | 丁方
资料提供 | 泰国普吉岛乐古浪酒店度假村

乐古浪酒店度假村坐落于泰国普吉岛西北海岸的班涛湾（Bangtao Bay），整个度假村独占了全岛方圆600英亩的开阔空间，分享绵延3公里的海岸线和一平如缎的白沙海滩，与蓝天白云和蔚蓝的大海一起编织成一幅如诗如画的逍遥美景。

不过，这个度假村在国际旅游界享有盛名的原因并不仅是既存的旅游资源，而是因为其开发者高度的社会责任感。开发者将当年因采锡而遭到严重环境污染的不毛之地改造成如今的黄金度假胜地，并持续不断地为改造环境作出自己的努力。鉴于其环保方面的得力举措与卓著成效，乐古浪酒店度假村获得了至高的国际酒店协会和美国运通环境奖，此外还被荣誉授予泰国旅游奖之最佳旅游度假膳宿杰出表现奖。

爱心环保拯救班涛湾

过去几个世纪以来，普吉岛依靠锡矿开采、橡胶业和渔业三大支柱产业的支撑，一度是泰国最富饶的省份之一。然而到19世纪末，却呈现出大规模商业采锡“一支独秀”的尴尬局面，近海探挖与陆地开采肆无忌惮地破坏海洋生态环境，日复一日地侵蚀宝贵的土壤资源。随着矿藏开采殆尽，采矿者无情地甩手而去，只留下惨遭人为破坏、满目创痍的孤岛。

1984年，乐古浪酒店度假村接管了班涛湾四处散布的废弃锡矿。那时的班涛湾就如同高低不平的月球表面，千疮百孔，到处都是成堆的焦土、废弃的机器和摇摇欲坠的棚屋。土壤由于惨遭化学物质侵蚀，被断定将成为一片不毛的荒芜之地。就连联合国发展计划小组在1977年考察了普吉岛的旅游前景后，断言班涛湾“因环境破坏过于惨重，已丧失任何发展潜力”。

然而，普吉岛乐古浪开发者则毅然投资了2亿美元，这是当时是普吉岛有史以来最大的单笔投资，居然令这片满目荒凉的土地起死回生。推土机夷平了饱受蹂躏的土地、填上丰厚肥沃的土壤，重新播种适应恶劣环境的本地植物，如木麻树和棕榈树；还种植了各种果树和开花树，以吸引鸟类和野生动物回游；并在一度矿坑累累的环礁湖中，注入了充满新生力量的海洋生物。

这里还就地建立起了一个复杂的回收循环系统，用以处理垃圾和污水，并进行水质净化处理，从而从源头杜绝了对周围土壤与海洋的污染威胁。然而，在整个水质净化过程中，开发者未曾动用一点一滴普吉岛有限的宝贵淡水资源，而是不惜代价从附近的几个淡水湖吸水，再送至水处理厂进行处理。

度假村里时而隐现的低层酒店设计也是寻求与周围环境更和谐地融为一体，同时展现出泰国文化遗产的魅力内涵所在。在建筑材料的取舍上，设计者也煞费苦心，尽可能有效地利用并节省木材用量，避免损耗泰国有限的林木资源。

如今，乐古浪酒店度假村所关注的焦点是如何防止班涛湾进一步出现因昔日近海开采而遗留下来的海滩侵蚀现象。为此，度假村不惜在每个雨季都花费数百万泰铢，填充以弥补因以往过度开采而被卷入海底深层的大量泥沙流失。

普吉岛悦榕庄

作为第一家悦榕庄，普吉岛悦榕庄也是悦榕庄品牌的旗舰店，共拥有174套全别墅，包括湖滨泳池别墅、泳池别墅、湖滨别墅、花园泳池别墅和豪华别墅等，四周环绕着繁茂的热带花园和亚洲式水榭，安静浪漫优雅，适合享受私密空间的情侣们。

这里共有6家餐厅和2家酒吧，其中的Saffron餐厅是悦榕庄经典泰式餐厅，对环境和情调讲究的人一定要尝试这个美味又高雅的餐厅。Banyan Café提供自助早餐，这个餐厅分室内室外两部分，室外露台面临泻湖，偶尔能看到几艘过往船只，天气晴朗的时候还有小鸟来和你抢食物。室内的部分层高特别高，顶棚是泰国传统木质顶，时有小鸟飞过。另外度假村内有推出几种目的地晚餐，如Sanya Rak Dinner Cruise就是一种在传统泰式小船上边赏景边用餐的独特晚餐。每种目的地晚餐一天只接待一对客人，需要提前预订。

普吉岛悦榕庄也是悦榕SPA的起源，这是亚洲最大的东方泉浴区之一，拥有多间SPA护疗房。墙面装饰美丽的石雕，上面刻有泰国少女跳舞图案和佛像，提供最为专业和地道的泰式按摩和身体护理。这里还有一个提供面部、头发护理和其他美容服务的美容花园。

住宿参考价格：

豪华别墅：泰铢17400++起 （旺季和节假日除外）

普吉乐古浪
喜来登豪达度假酒店

普吉乐古浪喜来登豪达度假酒店共有 423 个拥有湖景或海景的房间和别墅，其现代派的设计风格同时也融合了泰式元素，大气而豪华的建筑特色，周到的服务，符合国际大品牌喜来登豪达酒店的风范。这里的游泳池有 323m，是亚洲最长的不规则泳池，深受孩子和家长的喜欢。度假村内拥有 9 家不同风格和风味的餐厅。其中的 Puccini 餐厅是品尝上乘意大利菜的最佳场所，餐厅内布置极具意大利风格，里面的冰激淋也非常不错。这里没有悦榕庄那么安静，反而多了几份热闹和俏皮，适合三五好友和全家人前往。这里的豪华客房里有个大浴缸，四周全是玻璃，很是浪漫。

住宿参考价格：

湖滨客房每晚：美金 180+++ 起（旺季和节假日除外）

普吉乐古浪都实度假酒店

都实是泰国本土非常有名的一个高端酒店度假村品牌，这里的都实酒店有着非常浓郁的泰式风格：植物特别茂盛美丽，最能体会到热带海岛的风韵。房间的各个走廊一边满是带着红色小花的藤蔓，坐在海滩看落日会感觉特别的诗意。

特别推荐都实的泰餐厅 Ruen Thai，完全木质装饰的餐厅非常复古，感觉是泰国老电影里的场景。泰餐的绿咖喱和东阴功汤特别好吃。这里的 SPA 位于繁枝茂花之中，边做按摩边聆听鸟鸣的感受让人陶醉。喜欢茉莉和柠檬草味道的你一定要在悦椿阁里挑选几款富含这种精油的产品，送人或自己用都很实惠。

住宿参考价格：

豪华湖景客房每晚：泰铢 8500++ 起（旺季和节假日除外）

普吉乐古浪
海滩度假酒店

这是个很有泰国风味的度假村，拥有整个乐古浪最大的海滩区域，共有252间客房和套房，可观赏湖景和海景、日出或日落。水上公园配有55m滑梯、按摩池和3个泳池（包括跳水练习泳池和水上游戏泳池）。这里每个房间都有露台，靠窗的地方有个沙发床，可以休息品茗或遥望窗外美丽的海景。

该酒店共有5个餐厅和2个酒吧。其中最为推荐的是Rim Talay，提供传统泰餐和海鲜，是游客最为称道的泰餐厅之一，而且这里的菜非常实惠，绝对是你没有料想到的性价比；度假村的娱乐设施特别丰富，有1个室内与3个户外网球场、壁球场、羽毛球场和排球场，还有高尔夫推杆练习场和射箭场。家长还可以放心地把孩子留在蜡染画中心或儿童俱乐部。

住宿参考价格：

高级客房每晚：泰铢5500+++起 （旺季和节假日除外）

TIPS

泰国普吉岛乐古浪酒店度假村绵延 8 公里，海滩共设有七家豪华酒店，共有 1300 间客房和别墅。每个度假村各有特色，不怕麻烦的游客可以尝试一次旅行交换住 2-3 个度假村。这里度假村里的餐厅、Spa 等设施都是对外开放的，也就是每位客人无论住那个度假村都可以去其他度假村内享受，退房时统一付款。这些酒店分别是：普吉岛悦榕庄、普吉乐古浪都实度假酒店、普吉乐古浪海滩度假酒店、普吉乐古浪喜来登豪达度假酒店、普吉乐古浪阿拉曼达最佳西方度假酒店、普吉乐古浪奥特瑞格度假村及公寓和普吉乐古浪假日度假酒店。

咨询电话：021 63352929 分机 105

网址：www.lagunaphuket.com

推荐行程：

四晚五日

可以入住两个度假村

期间体验一日出海游

品尝度假村内推荐美食

普吉镇购物

交通：

从普吉岛国际机场驾车，只需 20 分钟便可到达；酒店前台均可预订免费班车与班船前往其他度假村和娱乐场所

每日班车时间：6:00 am-12:00 pm

每日班船时间：9:00 am- 9:00pm（每隔 20 分钟一班）

SPA

悦榕 SPA 的参考价格：90 分钟按摩疗程泰铢 3500++ 起

悦榕 SPA 以传统亚式疗法全面呵护身心灵的和谐，提供了一个能够让人的身、心、灵得到完全放松的“心静轩”，其哲学是“崇尚纯粹的手法和技艺，而非借助高科技的仪器”，注重人们的身心灵感受，以及使用天然的中草药原料。

悦椿 SPA 的参考价格：90 分钟按摩疗程泰铢 2400++ 起

悦椿 SPA 是悦榕 SPA 姐妹品牌，师出同门，其原料全部取自于天然花卉和鲜果，独家配方秘制而成，结合东西方精妙手法及古老芳香疗法，全面激活疲惫的身心。

高尔夫

普吉乐古浪高尔夫俱乐部拥有一个非常棒的 18 洞高尔夫球场，标准杆 71 布局对所有技能的高尔夫球选手来说都是挑战，该球场的特色是轻轻起伏的球道、大型果岭、很多吸引人的礁湖和别有的实践设施，包括一个练习场、实践练习果岭和削球果岭。

普吉乐古浪 Quest 探险中心

Quest 坐落于海边，占地面积 7 英亩，是任何在普吉乐古浪举行会奖计划最吸引人的部分。探险中心的主要任务是为那些希望在目前竞争激烈的商业环境中提高效率的公司提供一个团体合作的培训。该中心还设计提供了一系列的户外设施，对参与者的体力与脑力进行挑战，设施包括高低挑战绳索锻炼，一个 15 m 高的攀登塔以及一些轻便活动。

普吉乐古浪旅游中心

度假区域内每个酒店度假村都设有普吉岛乐古浪旅游服务中心，可以安排游客走出度假区域，体验各种探险之旅和徒步旅行。提供租用私人船只、海上航行、潜水、文化专题节目、捕鱼和划独舟等活动。这里有会中文的专业导游带领，豪华游艇出行，可以选择半日或一日游，或出海或潜水或去参观传统宗教建筑或购物。

运河购物村

是度假区内的一个精品购物中心，共有 50 多家租赁店铺。从泰国丝绸、摄影服务和服装订制中心到古董、玩具和珠宝，应有尽有。运河购物村还设有货币兑换服务、医疗诊所和咖啡馆。

普吉乐古浪结婚礼堂

位于度假区域内，这是泰国首家位于度假胜地的结婚礼堂，位于礁湖之畔的迷人泰式礼堂设计灵感来源于泰国水泊文化。专业的婚礼策划师可以为客人安排西式或泰式的服务。每个新人在这里举办仪式后会将两人的名字刻在礼堂外的一面纪念墙上，若干年后还能故地重游，寻找昔日的浪漫和记忆。

旅游线路参考：

普吉岛之旅

价格：1250 泰铢 / 人（成人）；625 泰铢 / 人（3-12 岁儿童）

路线：上午 10 点出发前往巴东海滩，下午到达普吉最著名的佛教地 Chalong 寺参观蜡染工厂和腰果市场和全球最大的珠宝商店。

皮皮岛之旅

价格：3500 泰铢 / 人（成人）；1750 泰铢 / 人（3-12 岁儿童）

路线：上午 8 点半出发坐快艇前往皮皮岛，途中进行海上巡游，并在皮皮岛各处游玩潜水与游泳项目，下午到达 Bamboo 岛游玩并野餐。

攀芽湾之旅

价格：3800 泰铢 / 人（成人）；2100 泰铢 / 人（3-12 岁儿童）

路线：上午 8 点半出发坐快艇前往攀芽湾，坐当地人划的小皮艇看红树林，并参观邦德岛；中午在 Sea Gypsy 村享用当地最地道美味的午餐；下午巡游 Khai Nok 岛潜水、游泳。

文化之旅

价格：2100 泰铢 / 人（成人）；1350 泰铢 / 人（3-12 岁儿童）

路线：上午 10 点出发前往 Phra Tong 寺，参观 Thalang 国家博物馆，中午到达 Rang 山观景并用当地风味午餐，下午前往普吉镇和自由市场，参观普吉岛最古老的 Jui Tui 中国寺庙，与当地最大特色纪念品商店 Pornthip Sea。END

牛虻一样的英国馆？

撰　文 | 宋微建

在网上查看世博开园来的相关资讯，看到一篇题为“英国馆回应观众失望情绪”的报道，联想到当下中国设计界的现状，不禁悲从中来，难以言表，真恨不得哭上一场。为设计师哭，为观众哭！

除了给老百姓开眼界，宣传参展国的政府、城市和国家，我很认同“看世博就是看问题，就是引起思考、参与讨论”这样一种观点。世博会应该还有一个核心，就是提出问题——每个国家甚至全世界都面临的问题，以及怎么样来应对的问题。对卷入世博的各种专业人士，特别是城市研究者、建筑师、设计师等专家来说，这一点，更具有价值和意义。

围绕“城市，让生活更美好”这一主题，英国馆可以说是最贴合上海世博主题的展馆之一。在工业革命开始的时候，英国就开始经历大规模的城市化过程，也曾经一下子建设了很多城市。怎样进行更好的城市规划？怎样提供更好的居住环境？英国馆呈现了他们对城市，乃至人类未来可持续发展这一世界性问题的思考、理解以及解决之道的尝试。

英国认为科技未来发展的方向是进一步探索人与自然的关系，对生物多样性进行研究，对种子进行研究。所以在英国馆里，参观者可以看到6万颗种子组成的“种子圣殿”，看到可以吃垃圾、出石油的未来植物，看到这种理念被当作给中国人“打开的礼物”，像“蒲公英”那样飘到世界各地……借助科技创新构建一座“自然之城”，英国馆引导人们更深入地认识自然界的力量，鼓励参观者重新审视自然的作用，反思我们是否能够利用自然的力量，切实解决城市在社会、经济及环保等方面面临的诸多挑战。无论是对主题的把握，还是创意本身，以及设计语言的运用，英国人这次都应得高分。然而，骄傲的英国人不会想到，21世纪第一个十年行将结束时，他们在中国上海世博的设计，在很多中国人的眼里不被看懂，甚至被解读成“故弄玄虚”、“预算太少”、“舍不得把高科技的东西拿出来”、“没看头”……

对世博，我们的期望不能太高，不能期待问题在这里都有所答案。能看到问题被提出来，能引起讨论，已经很不错。作为设计师，我们关注设计本身，也关注观众对设计的反应。对英国馆来说，这两者犹如镜像，照射出中国当下设计界的境况。从中我们也再次体验到一种感受。那种感受叫做刺痛，像牛虻。

哪里是成熟的中国当代设计？哪里是成熟的中国设计消费群体？

对于中国馆的设计，其实很多人意见很大，但又说不出问题所在。今天，我们在全世界呼吁和平、和谐，世博中国馆本应是这一呼吁的载体，应传达出当代中国城市化进程和理念。可是，其中我们看到的更多的是用传统符号、传统标志表达出来的一个声音“我是中国”。除此之外呢，当代中国在哪？抛开历史的荣耀，抛开宣传中的辉煌过往，怎样在享受城市化带给人们便捷的同时，解决进程中的矛盾，让城市的未来变得更美好？

一千个观众有一千个哈姆雷特。但是，上海世博会上“简单”、“绿色”的英国馆被中国观众冷落说明了什么？是观众错了还是哈姆雷特错了？这个现象耐人寻味，特别值得我们设计师反思。假如，我们不仅仅把世博视为一场科技文明的狂欢，更视为一台捕捉时代先声的巨型雷达，我们这些习惯了假想西方“先进性”的国人可能要惘然了——英国馆传递出来的声音与我们老祖宗们的念叨何其相似啊。什么是先进？什么是世界的未来？该好好想想了。 END

肉……沙发

撰　文 | 陈卫新

儿子小时候喜欢躺在我的肚子上，称我为肉沙发，而且是高级的。我想他是真心在赞美我的。作为一个室内设计师，我为我的身体能够直接成为儿子的高级家具而自豪，同时也为不知道软体沙发准确的萌芽时间而惭愧。我记得当时就查了些专业书籍，但大都说不清楚，只是告诉我一些技术数据，后侧角5°～7°，座面与靠背夹角106°～112°等等，为了更合乎沙发的称谓，我还特意为儿子调了调角度。

后来看多了人在沙发上恣肆的坐姿与浮想翩翩的笑容，我想我找到了答案，那一定与肉欲有关。人类喜欢柔软的东西，是肉当然更好。如果说是肉欲催发了软体沙发的诞生，那么批量生产的沙发是否也间接地摧毁了男人对于肥胖的美女观呢？不好说。虽然人浑身上下无一处不是包裹着肉，但还是觉得不够舒坦，无论是坐着还是躺着，还是希望陷在“温柔梦乡”里。为了增加弹性，在沙发制造技术上，可以加密弹簧或是填充高密度海绵，但没人想过给臀部加上点肉。有肉的屁股不怕坐，钱钟书先生所言，在某种意义上，一个好屁股比一个好脑袋更重要，一个善坐耐坐的屁股是成为一个知识分子的必要条件。有肉的屁股也就是随身的沙发，开国伟人说，屁股就是根据地，真的智慧啊。

有人说怀才就像怀孕，时间久了就看出来了，怀肉也一样。负责任地讲，我不能把现在“肉感”的形象，推说与当初儿子的那番鼓励有关，当然，长成大小伙子的他也不忍躺我这肉沙发了。沙发分类中，肉沙发属“全包沙发”，即所有构件都被软包包住的沙发。实话说，我的构件也早就不如从前了。

记得一本老书里说，荷花蒂煮肉，精者浮，肥者沉。不知真伪，只是觉得有趣。这一定是哪个矫情的文人干出的好事，分出浮沉干什么？吃精的？还是肥的？不知道。所以每每想到吃猪肉，就不由不想起荷花与荷花的蒂。清炒荷花蒂是吃不成的，“疏远肥腻，食蔬蕨而甘之”的高尚意趣，我恐怕也是做不到了。肥肉面前人人平等，有“肉欲”没有“肉胆”的，或者没有善坐耐坐的屁股的，大可以找一个肉感的沙发，坐着，那也是一种状态。 END

缘木而居的乡愁

撰　文 ｜ 赵周

仅仅也就是一百年前，木料在中国人的生活里，还是一个最基本最普及的元素。小到家什器物，大到亭台楼阁，都离不开木料。百年弹指一挥间，木料的地位，发生了奇怪的变化。从普及率来看，可以说这种材料在现代中国人的生活中已渐趋式微，更多地被金属、石材、塑料以及各种复合材料所替代；可是从身价上看，或许是因其稀缺性（特别是与中国的人口基数相比），实木的家具、地板、摆设成了彰显主人财力气派、情调品位之物，更多了一重“可持续材料”的光环。过去人们习惯于把大量使用木材与滥砍滥伐联系在一起，现在则有更多人认可通过适当的栽植、轮伐和再生循环，可以在保持森林面积的同时获取木料。

与木料地位的复杂状况相比，木结构和木建筑在现代中国的情形就没什么好分析的，已经“沦为”，或者说“荣升”为古董。梁柱檩椽檐、桁楣梯栏杆，中国人的“栖”居，本是被木包围环绕，何以今日这一个个带着“木”字旁的构件，全换了钢筋混凝土，难再在现代生活里占有一席之地？或许是今日中国庞大的人口、密集的居住模式、充斥电网废气酸雨的复杂城市环境，已经令木料数量上难以支持，质量上无力应对？或许是森林大面积的减少，已经令木料成为昂贵的奢侈品？这是一个枝蔓纵横的命题，不可能用几个字说清，而木结构与木建筑的消隐，已经是不争的事实。

只是，难免有遗憾。

与“木传承”戛然而止的中国相比，“以石头写就建筑史”的欧美，近年来木结构与木建筑的应用反呈渐热态势。比如在伦敦就落成了目前世界上最高的现代木建筑——9层楼高的Stadthaus公寓，从地面层开始，这幢公寓的楼板，承重墙，楼梯甚至电梯核心筒用的材料都是胶合木板。又比如注册于芬兰的木文化协会在1999年创立了自然之魂木建筑奖(Spirit of Nature Wood Architecture Award)，授予那些能够在他们的建筑设计作品中典范性、创造性地利用木材的组织或个人。

在同样有着悠久木建筑历史的日本，虽然木建筑也一度濒于绝迹，但近十年来却逐渐复兴。日本建筑师石井和紘于1992年建成了战后日本第一个用木材建造的公共建筑。石井以木材使用在日本文化中的重要性说服了业主，在未取得建造许可的情况下强行施工，希望用这个建筑的完工来争取木建筑的合法性。2000年，日本各个行政辖区允许自行设置建造规范，木建筑终于得以重新在日本活跃起来。一位朋友谈及此事时说，不是非木不可，只是感动于他们对待木建筑的态度。不谈木结构或木建筑对地球生态环境的贡献，对他们而言，木料乃至木建筑代表的，是一种历史和传统。复兴木建筑，传达的是今人对历史和传统的温情和继承。而拥有更长、更绚丽的“以木头写就的建筑史”的中国，难道就对那段储木建屋、植木造园的历史毫无留恋吗？从当今国人对木器的追捧来看，即便有着物以稀为贵、崇尚自然环保等因素，恐怕也不能排除一段隐约的乡愁——对于那洋溢木料芬芳温暖的旧时光的铭感与追怀。不知这段乡愁，在中国是否有得以开解的一天？ END

七月上海

撰　文 ｜ 翟海林

在我离开上海前，我从来没有过念头要仔细通过脚步品味这座城市。我也常在城中奔走于A地B地种种，但是从来不会在途中有过没有理由的停留，更甚少用自己的脚步丈量过它们在地图上的路径。在我素来的记忆中，上海算是很令人沮丧的城市。

其他城市也会给我这种沮丧的心情感受。欧洲的一些城市常因为过于精美和细致，让人感受到一丝心理的压抑，以及走在其中像一只没有主人的小狗。这些城市过于美丽和辉煌，让人不想再为它们做额外的任何事情，因为一切已经非常完美，而且这样的美感是和你的生死没有任何关系的。你只能像小狗一样找个角落留下自己的气味，在气味散尽的时候你也不再拥有或属于任何地方。罗马再过一千年亦如是，我则早已灰飞烟灭，于是开始沮丧。

上海带给我的沮丧显然是另外一种。这个地方把改变变成了生活的常态，这使得你永远把握不住自己在其中的参照物。重要的是你曾经热爱过的东西和地方，在你不经意间永远消失，它们的取代品永远和你格格不入。沮丧不仅仅归咎于这些改变，而且我也相信适度的改变可以赋予城市持续的前进动力，但常常这些改变没有看清方向。如果连目的地都没有想好，在一个陌生的车站换乘下一班不确定的列车有意义吗。

这些零星的思考促成了我在上海九天的奔走和这些行走路线纪录。我想着用不长的时间重新感受一下上海，或者再次认识一下那些最上海的地方。没有太明确的计划和非到不可的建筑，去的地方大致在解放前的城市建成区，简单列下来包括：老城厢十六铺外马路、老西门太平桥、复兴中路淮海中路、南京西路静安寺、衡山路徐家汇、人民广场、四川北路多伦路以及浦江对岸的陆家嘴。此外，还偶然地去了虹镇老街、鞍山路、延长路、长寿路一些零星的地方，大致看来这些地方还算是上海变化最小的地方，但是世博会和打着世博会名义的拆迁还是让很多地方面目全非。

一些令人愉悦的发现也时时伴随着旅行。老城厢中小桃园寺安静的庭院一如既往的安宁；乔家路上的大宅还在沉睡中；东东线轮渡站旁意外走到一处水边的停靠码头，似乎是周末朋友聚会的良所；南昌路科学会馆中犹如火车站一样的气派立面，以及从哪儿都能走到的襄阳公园等。当我有机会用脚丈量这座城市的时候，我才能想像张住在常德公寓去百乐门的愉快心情，或者猜想从大世界到云南南路的一路小吃。香港的时代广场和半岛酒店也都有了上海的版本，一些小路上还发现了欧洲也不常见的小店招牌。在外滩的一个深夜中，我还看到当年我刚学会使用120相机时，用手上的海鸥聚焦过的一个门框花饰。在夜晚的昏暗灯光下，光线让这一细部呈现出奇异的生命力，如同回到红光灯下看负相一点一点显影出来一样。那种Déjà vu的感受如梦境一样美好到不真实。此外，我一向很喜欢看中国银行的背立面，在无人的安静夜晚，可以回忆起很多在那些小路上发生过的有趣往事。 END

郭锡恩 & 胡如珊

郭锡恩毕业于加州大学伯克利建筑学院，获建筑学学士学位；后在哈佛设计学院取得了建筑学硕士学位。胡如珊毕业于加州大学伯克利建筑学院，获建筑学学士学位；之后又获得普林斯顿大学建筑及城市规划硕士学位。他们共同创立了如恩设计研究室（NHDRO）——一家立足于中国上海的多元化建筑设计研究室以及设计共和（Design Republic），一家总部位于中国上海，汇集诸多国际顶级设计师的系列产品的家居零售店。除从事建筑与室内设计之外，郭锡恩与胡如珊也在为欧洲多家品牌设计产品，并在"如恩制作（neri&hu）"的品牌下发展他们自己的产品系列，其出品的紫砂茶具系列曾在2008年度荣获芝加哥建筑与设计博物馆最佳设计大奖赛"最佳产品设计"奖。他们曾荣膺多个设计师及设计项目奖项，还活跃于教育和研究领域，在美国多所著名建筑院校担任客座评论员，并共同编写并出版了《视觉暂留—建筑师绘话上海》一书，该书是探索中国主要城市建筑及规划系列的一个开端。

郭锡恩 + 胡如珊：如琢如磨

撰　文 | 李威
摄　影 | Janus,Vivian

设计圈内，夫妻档显然是一种颇为常见的组合形态，无论几百人的大型设计公司，或是十几个人的小事务所皆可适用，虽然不一定都能像强强联合式的拍档那般两人都星辉熠熠，却胜在稳固绵长。不过，能像郭锡恩与胡如珊这一对这样，设计上既能取长补短，又各自有精彩之处，联手打造出旗下"如恩设计研究室（NHDRO）"、"设计共和（Design Republic）"和"如恩制作（neri&hu）"，事业成功的同时又并未牺牲家庭生活，两夫妻加三个活泼可爱的孩子组合出其乐融融的"五好"家庭，凡此种种，实属难得。

这堪称最佳拍档的两人，性格上其实天差地别。用郭锡恩自己的话来说："她比较温和、比较民主，我就比较独裁、比较顽固。比如在面对客户的时候，她比我有服务意识，我就会对客户说你应该要服务我们。所以业主想要修改方案的时候，很多人会跟她沟通，就不太敢跟我讲。"火爆炽烈的郭锡恩遇到沉静如水的胡如珊，多少霹雳雷霆也只得化作绕指柔。

而在设计思路上，同样毕业于加利福尼亚大学伯克利分校建筑学院的两人也有所不同。在胡如珊申请研究所的时候，郭锡恩已经从哈佛大学设计学院硕士毕业，本来胡如珊也打算去哈佛就读，但考虑到以后两个人可能会一起工作，读同一间学校的话可能视角会不够广阔，于是郭锡恩说服胡如珊选择了普林斯顿大学。两间学校风格相差很远。哈佛则向来注重实践，比较不算是理论派。而普林斯顿当时在理论教学方面非常强，欧美著名的建筑理论家几乎都在普林斯顿教书。对于在那时还想走教育的路线、想著书立说的胡如珊而言，自然是得其所哉。

回想起来，胡如珊总结："对我来讲，普林斯顿教我如何拥有一种批判性的思维。对所有事情都质疑，这就是普林斯顿出来的人讲话的口气。哈佛设计学院则受其历任院长的影响较大，风格每几年都会因不同的院长而有所不同。郭锡恩在哈佛的时期正值 Rafael Moneo（西班牙著名建筑师，1996 年普利茨克奖得主）担任院长，他对建筑那种激情以及非常西班牙风格的设计语言对郭锡恩的影响比较大。我们所受到的研究所教育是截然不同的两类，我们对建筑认识最大的差异就来自那段时间的教育。"

飞扬跳脱的创意之火对上质疑一切的冷却剂，其碰撞之精彩和激烈可想而知。一方面，如胡如珊所说："我觉得两个人能够有不同的教育背景是非常有用的。如果我们都去普林斯顿，现在可能都在教书了；如果我们都去哈佛，可能我们的项目会过于商业。"另一方面，郭锡恩也坦言"吵架是经常的"。他们家的室内设计到现在还是未完成状态，据说就是"吵架"的结果。虽然二人都强调："其实我们的最终目标是非常相似的，只不过是用不同的方式达到同一个终点。"但工作室的同事们还是无法理解二人的殊途同归，常常会对该执行哪个人的指示而感到无所适从。经历过一番磨合，两人终于找到窍门："如恩"的事宜郭锡恩负责，"设计共和"则是胡如珊主理。遇事先夫妻内部"碰撞"一下，找到那个共同的终点之后，交由一人统一指挥。对于具体项目也是如此，一时难以达成共识的，分工负责，负责人可以无视对方的建议。于是两人终于又可以激情燃烧的争辩，又不用担心会令同事抓狂，更不会让工作上的争辩升级以致影响家庭。飞扬跳脱的创意之火与质疑一切的冷却剂最终淬炼出锋锐的设计利器，差异也化为相互磨砺切磋的动力，通过一个又一个富于美感的设计项目体现出来。

在他们的项目中，常常可以看到极致与克制两种力量的制衡。很难说有固定的风格 —— 正如他们为自己下的定义："因为每个项目都具有其独特的背景。对规的基础上，NHDRO 致力于建筑与经验、细节、材料、形状及灯光的积极互动，而不是单纯地遵照模式化刻板风格。每个项目背后的最终成功之处都是通过建筑本身外观形象所体现出来的意义而得到淋漓尽致的体现"；但却有某种特定的气息，令人可以看出他们的手笔，那也是这看似完全不同的两个人身上完全相同之处 —— 对于设计的痴迷与专情。

这种痴迷与专情给他们带来无上的成就感与愉悦，使得他们乐于对手里的项目千锤百炼。就像胡如珊所说的："我们热爱这种对设计过程的钻研。无论建筑还是室内，设计和研究是融合的。我们希望把实验性融合在可行性中。在现实中，往往在有商业、盈利方面的考虑的时候，好像实验性的东西就被忘掉了，大家就开始千篇一律。但建筑其实是在制造文化，有实践精神是很重要的。它是一种对人类思想的推广，可以让人在吃饭、喝茶、住酒店的同时也会有一点思想上的冲击。这可能是设计最重要的任务。" END

郭锡恩与胡如珊的一天

撰　文｜李威 徐明怡
摄　影｜Janus,Vivian

2010年6月1日 星期日
天气　多云

9：40

早晨的余庆路浓荫满地，十分安静。2009年7月，郭锡恩、胡如珊夫妇整合旗下的"如恩设计研究室（NHDRO）"和"设计共和（Design Republic）"的员工和资源，共同迁入到余庆路88号一栋5层办公楼内。经他们之手改头换面后的这座楼房，有点像一个开了许多孔洞的大盒子，据说其设计灵感即来源于飞机的"黑匣子"。底楼入口两侧的木制外立面构成了大楼的基础，其中一侧沿街道舒展，与玻璃隔断组成"设计共和"新展厅的外墙，另一侧则向内延伸，指引着通向楼上办公空间的电梯与楼梯入口。小编未及细看内力细节，便与其他媒体的记者一道去和郭锡恩、胡如珊会合，再同去他们的新作、位于老码头的精品酒店"水舍"。

9：55

接到了郭锡恩、胡如珊。胡如珊白衣飘飘，郭锡恩则是一身黑，建筑师的标志色。郭锡恩笑说最近有点发胖，所以特意穿了深色系。因为今天是六·一儿童节，知道他们家里有三个活泼的小朋友，小编们便问他俩今天会安排什么节目，结果两人皆是一脸茫然，其表情好像在说"我们不过该节很多年"。更何况昨天夜里两人还在为即将截稿的"设计共和"内刊纠结，因为全部文章都是二人亲自操刀，颇为辛苦。

胡如珊说："我们花很多时间在写东西上，但是我确实觉得这非常重要，因为这是表达想法最有效的一种方式。项目做好了，留下图片之外，还是需要文字的记录。在设计过程中把想法写出来，我觉得是非常重要的一环，而且也能让整个团队了解到我们的思路。现在有的项目团队很大，十几个人做一个项目，我们也不会每次开会都在，把概念写出来给大家看，也是一种交流和沟通。"

一路上，两人还拿出资料争分夺秒地讨论了一阵子，间或接个电话。讨论用的是英语，讲电话则中文、闽南语皆有。小编戏问他们的工作语言是哪种，得到的答案有点恶搞："我们两个人对话要看环境，在美国我们就用中文讲，在中国的话用英文讲……"

10：15

抵达"水舍"。这是一个已完工的项目，今天是过来会见新来的经理。"水舍"由旧建筑改建而成，据说抗战时期曾作为日军的宪兵部。设计保留了很多老建筑的结构和材质，斑驳的高墙刻印下岁月的痕迹。这个项目做了两年，算是时间比较充裕的。项目规模不能算大，却是顶顶精细，19个房间，每个都不一样，都花了不少心思。业主是新加坡人，心态很开放，给设计师的自由度比较大。当初业主找上"如恩"，设计费和预算都不是很高，郭锡恩说这些都可以不计较，只有一个条件就是要随便他们怎么做。对方同意了。于是项目做出来，像是客房里不铺地毯啦、模糊公共区与私人区域啦，郭锡恩他们加入了很多探索性的尝试，业主也都接受了。

我们一行人有设计师带队讲解，自然是要好好参观一番。客房中限量版的顶级家具和不时出现的构思精妙的建筑细节，令众人赞叹连连，项目的"爹妈"自然也难掩自豪之情。胡如珊还能保持淡定，郭锡恩已经兴奋得顶着大

大的笑容这里敲敲，那里量量，显露出一丝孩子气。这个项目可是他们一手打造。郭锡恩说“我们对‘空间’更感兴趣，而不是只关注‘装饰’。跟我们有关系的项目周边我们通常全部都会关注到，完全放手给我们的不用说了，只需要配合的我们也会酌情给意见。一些专业的机电、结构等环节我们会与专业团队合作，不过我们的设计师基本都是学建筑出身，对这些方面也还是有相当了解的。当然，这也要看具体情况，有些项目规模太大，对于我们不太专业的方面，比如景观，我们只能是给个概念或指导，会由独立的相关设计师来做。”

12：00

中午，郭锡恩的叔叔和胡如珊的父母这阵子正好从美国过来探望他们，于是便过来共进午餐，也欣赏下孩子们的作品。郭锡恩的叔叔与侄子样貌颇为相似，人看起来很清瞿硬朗；胡如珊的父母均有浓浓的书卷气，说一口纯正的普通话，声音醇厚，听起来像三十年代老电影里的念白。据说当初郭锡恩追胡如珊的时候，被胡如珊的家人勒令中文必须过关，不然女朋友就没希望追到手，将中文不佳的郭锡恩折磨得要挠墙。幸而艺多不压身，现在郭锡恩能在上海顺畅地与各色人等交流，也是拜当日压力所赐。

两家人其实都没有建筑方面的背景，据郭锡恩吐槽说“父母觉得我们是奇怪的人……”。不过，看到子女今日的成就，几位老人可是毫不吝惜赞美与支持。胡如珊爸爸一句“郭锡恩很聪明”，令郭大设计师顿时笑逐颜开。

13：15

匆匆进行了短暂的家庭聚会，胡如珊带着小编赶回公司与日本的家具品牌代表开会，而郭锡恩则留下来陪几位老人继续用餐。并坐在后排，胡如珊依旧不停摆弄她的手机，灵活地使用着邮件功能，回复 email。也许，对她来说，车上、沙发上、饭桌上 …… 都可以是她的工作地点，基本上她也是随时随地都在工作着。工作虽然异常繁忙，不过从胡如珊的脸上却很难看出疲惫或倦怠的神色，反而是她素雅的穿着、平和的语调会令身边人的心情无意间放松了下来。

趁着她空闲状态，小编与她闲聊起了工作与生活状态，我始终好奇这位有着三个孩子的母亲，如何能做到兼顾家庭与事业。

“每天有陪小朋友的时间吗？”

“每天我们都会尽量陪他们晚饭，之后，郭锡恩会回工作室继续工作，而我会陪着孩子们直到他们睡觉，之后，才会是我的工作时间，收发邮件，思考方案。当然，我们每年都会带着孩子们一起全家旅行。”

“有没有想过寻找专业的职业经理人呢？”

“当然，我们一直在找。现在‘如恩’有一个执行总监帮我们做管理，是我们以前的同事，他真的帮我们很多。‘如恩’到了差不多四十几个人的时候我们已经没法处理了，项目又一直进来，真的很累。郭锡恩是只想做设计的，这些琐碎的事情就要尽量推出去，全心关注项目的构思。现在有八十几个人了，因为有这位执行总监帮忙，都还管得蛮好。但‘设计共和’和‘如恩制作’这块的业务就比较难办，因为这个行业在中国相对是新兴的，但欧美人又对中国市场不了解，所以，目前，还是要自己来管。”

13：50

回到办公室，匆匆处理了下文件，胡如珊就带着小编来到了会议室。日本的家具品牌代表与“设计共和”负责跟进的同事早已在那里等候许久。

来自日本的Maruni是个线条简约、产品质感极佳的品牌，谈话过程中，胡如珊的态度始终自信而优雅，她指出“设计共和”的成立的初衷就是建立一个生活的共和，他们希望将国外的设计师和他们的作品带到中国，但针对Maruni这个品牌来说，中国市场一直迷恋意大利设计是个实际问题，但也不可否认的是日本设计有着更符合东方人的审美，也正逐渐为部分中国消费者接受，“设计共和”这个平台则可通过一些公众活动对品牌进行推荐，而正在进行的伦敦一家设计酒店项目同时也可考虑先定一些产品试用 …… 也许是“设计共和”漂亮的简历，或是胡如珊的眼光与品位，令品牌代表频频点头。

15：10

会议还没有完全结束，胡如珊将剩下的细节交给助手，回到自己的办公室，准备下一个会议。而郭锡恩此时也回到了办公室，开始和几个 team 开会研讨正在进行的项目事宜。第一个讨论的是在新加坡的一个住宅项目，基本已经到了后期，开会主要是解决业主提出的一些问题和意见。team 里面中外设计师都有，所以工作语言基本是英文。几个人对着满桌子的平面图，思路语速都飞快，时不时拉开草图纸“笔谈”一番。业主貌似有点“作”，不过郭锡恩说这个项目出来效果应该会很好，完工之后整个团队可以过去验收下自己的劳动成果，到时候他们就会觉得今天的折腾都是值得的。而且不管怎么说，的确应该深入考虑业主的想法和生活习惯，弄清楚他们的问题源自何处，想办法用合理的方式予以解决，而不能一味顺着业主或坚持己见。

郭锡恩告诉小编，每周二、四，如无意外，整天都会与各个不同的 team 开会。他们做项目的流程，一般开始阶段只有郭锡恩、胡如珊，再加一个项目负责人，概念基本出来后会加入两三个人进行深化，到施工图阶段可能就有十几个人，项目后期再逐渐回复到最初的三人。“设计最后收尾的时候也很重要，要对最后出来的效果进行细节上的调整，还有一个很大的工作就是最后把这个过程写出来。作品的外观背后其实还是有一些思想在里头，不写出来的话我想可能很难表达。”

15：25

胡如珊的第二个会议开始了，这是与郑州艾美酒店项目的甲方以及同事的方案讨论会。这个开始只是执着于会所、餐厅等精致型项目的事务所已逐渐将事业版图扩展到五星级酒店，艾美酒店隶属于喜达屋酒店集团，对室内设计公司来说，这种项目的操作难度几乎是最高的了。

走进会议室时，讨论已经开始，公司的设计师已在向客户介绍方案。胡如珊一直扮演着忠实听众的角色，时不时地认真记录，只是在与客户意见分歧的时，温和而坚定地提出自己的观点。近两个小时的方案讨论会议中，她仍在不断地用手机处理邮件，也许，席间的咖啡令她在夏日的午后身兼数职，却依旧清醒。

16：30

郭锡恩这边已经换了一队人马来讨论另外的项目，这次人数较多，更有很多年轻设计师参加。较之前一个会议，这个更像是内部教学，可以清晰地看出“如恩设计研究室”的“研究”二字意义之所在。围绕着一个入口的处理方式，衍生出如何理解空间形式等种种问题。郭锡恩还提出库哈斯的案例来示意，澄清一些概念性问题。最后，郭锡恩丢下铺天盖地的任务，要求 team 成员们把各种可能性方案全部做出来，各种 diagram 都要考虑到。

“It will be very hard. Thank you!” 郭锡恩结束了演讲，小伙子们半是兴奋半是惶恐地撤退了。

17：20

转移了个战场，郭锡恩回到自己的办公室，开始第三个讨论会。胡如珊也从前一个会议中抽身出来，两夫妇在整个下午第一次共同出现，二人与设计师讨论了几句这个江宁路项目的方案，胡如珊又匆匆赶往下一个会场。

这一次参与讨论的只有两位外籍设计师，法国男生严严实实地裹着条围巾，俨然是对“要风度不要温度”的另一种诠释。郭锡恩说他们员工的来源很散，一半是国外的，美国、意大利、英国、荷兰、法国、瑞士、瑞典、新西兰、澳大利亚，菲律宾、新加坡都有。人员还算稳定。“我们招外国同事还比较容易，国内员工好像就比较难找。不知道为什么，我们也一直在想。可能国内设计师都很容易找工作、换工作。”

17：35

胡如珊那边，仍是与设计师讨论方案，这次的主题是西安的威斯汀酒店。郭锡恩和胡如珊始终认为建筑并不仅仅是狭义的“房子”，它可以成为时间和空间的概念，设计师应该全方位关注整体设计，包括室内装饰、家具产品的装饰等，而这样的理念也始终贯穿在他们的实践中。

他们这次讨论的重点是这家五星级酒店室内家具的问题，如何设计出一把又符合中式餐厅意境，又能舒适的椅子则是他们这次的主题所在。胡如珊依旧是个很好的听众，始终耐心地倾听设计师的想法，只是会随时提点设计师忽视的细节问题，一起修改着打样模型。

18：15

两边的会议和讨论总算都告一段落了。经过小编们语重心长的提醒，郭锡恩和胡如珊深刻反思了自己忽视六·一儿童节的“恶劣行径”，决定赶紧回家陪小朋友，与来探亲的父母亲戚好好聚个餐。

不过，可以想见，热闹过后，胡如珊还是会左手手机，右手电脑地时刻保持连线；郭锡恩也还是会回到办公室，消耗掉半卷草图纸。就像午餐时，郭锡恩一副“告诉你一个秘密”的顽皮表情，对小编说的那样，“我们看起来好像很轻松洒脱，其实真的非常辛苦。” END

菲利普·斯塔克：四处留情

撰　文 | 明明
资料提供 | Maison&Objet

1 菲利普·斯塔克肖像
2 K-Ray 灯具
3 与 Eugeni Quitllet 合作设计的椅子
4 18k 镀金短枪台灯
5-6 "大师"椅
7 Hooo!!! 灯具

如果你的东西和大家都一样，那干嘛还设计它？"——菲利普·斯塔克

菲利普·斯塔克 (Philippe Starck) 也许是世界上曝光率最高的设计师之一，当同行们还在办公室里为修改设计稿冥思苦想的时候，菲利普·斯塔克却在世界各地飞来飞去，在记者的闪光灯中接受设计界的各种大奖，接受各种媒体的采访，出席各种商业场合，所到之处，他总是受到崇拜者们的追逐，宛如设计界中的"国王"。今年，他又当选了"巴黎家居展 2010 年年度设计师"，但对菲利普·斯塔克来说应该不是件了不得的大事。

菲利普·斯塔克以其鲜活的想像力，努力在设计活动中发掘人类的欲望本源，于 20 世纪创造出了一系列既令某些人错愕良久，但又销路极畅的"新奇事物"。其作品均带有极易辨识的设计品貌，如长足柠檬榨汁机"多汁的沙利夫"，"茜茜女士"台灯。同时，他也不失为一名"四处留情"的典型嬉皮士——伦敦、纽约、迈阿密、香港等地都有他的酒店设计作品。而对中国读者来说，在任何一个小商品市场或是号称"高贵"的连锁超市，你都能看到他那著名的外星人榨汁机的廉价仿冒版。还有被时尚人士津津乐道的奢华会所"兰 Club"亦同样出自他手。

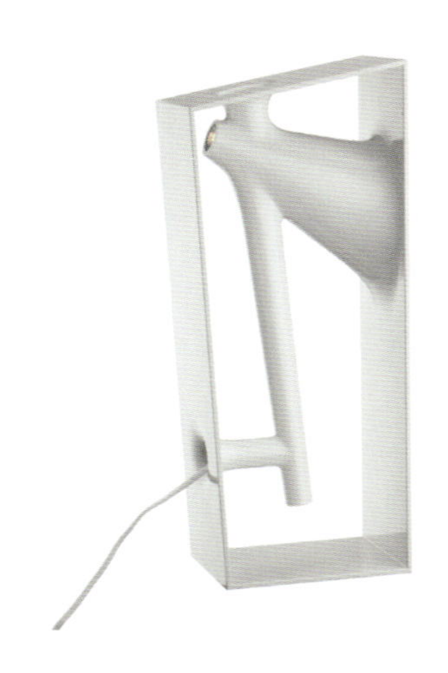

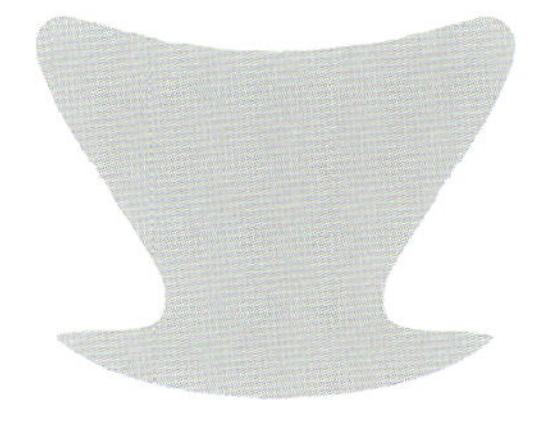

Arne Jacobsen

Charles Eames

Eero Saarinen

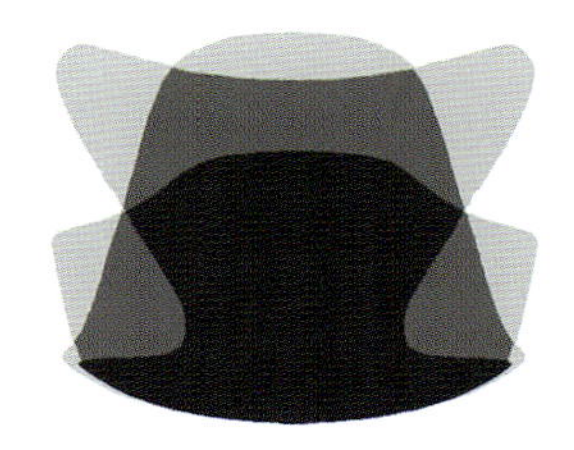

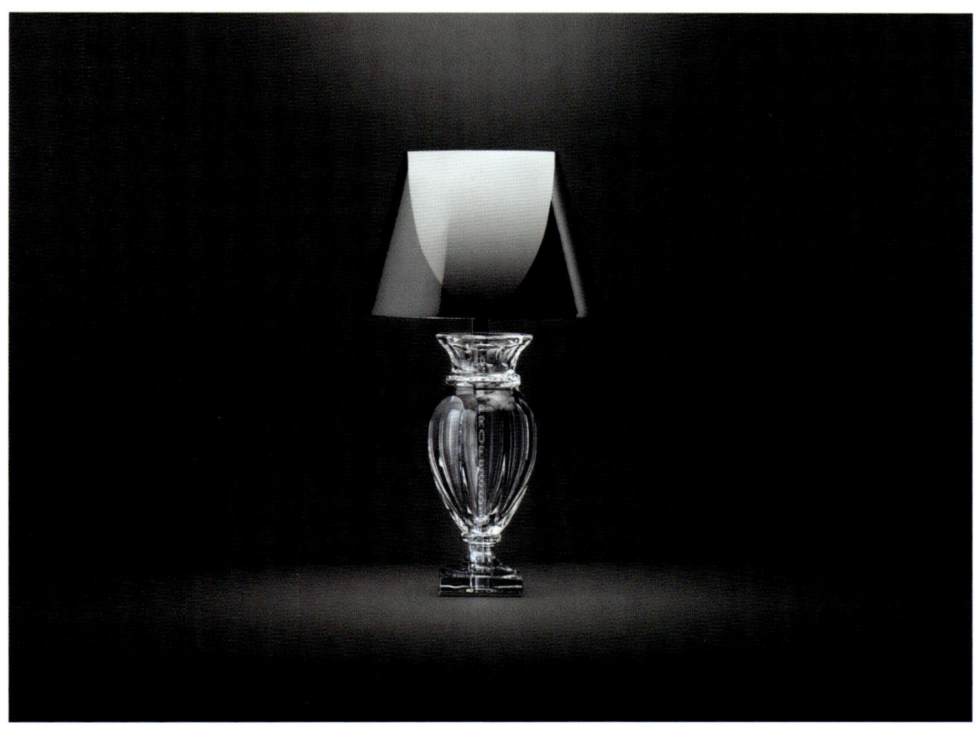

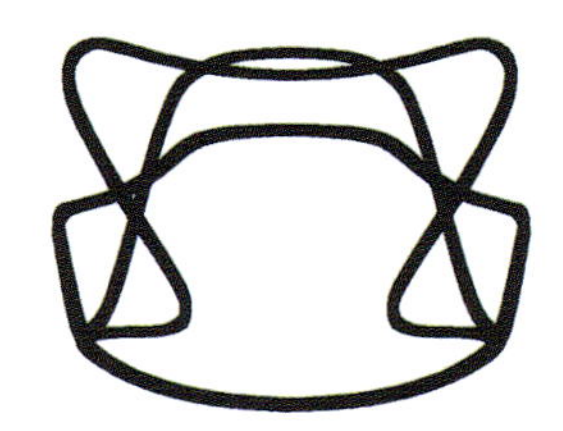

“大师”椅：最昂贵的塑料椅

牛顿曾说过这样一句被广泛引用的名言，“我之所以能比别人看得更远，只是因为我站在了巨人的肩膀上而已。”现在，我们把这种站在巨人肩膀上的行为叫做“致敬”。当然，你也可以用不那么友好的字眼去理解它，诸如拷贝之类的。

以“最昂贵的塑料”闻名的意大利家具品牌 Kartell 为庆祝成立 60 周年，推出了由法国设计师菲利普 · 斯塔卡与其伙伴 Eugeni Quitlet 合作设计的新款椅子，“大师”（Masters）系列。和 Kartell 一样迈入知天命之年的斯塔克一改往日的锋芒毕露，谦逊地表示“大师”系列实乃向三位已故家具设计大师致敬：丹麦的阿尔尼 · 贾克柏森（Arne Jacobsen）、美国的查理斯 · 艾默斯（Charles Eames）和芬兰的埃罗 · 沙里宁（Eero Saarinen，他更著名的身份是一位建筑师）。

“我们并不是今天才出生的，在我们之前，早就有许多大师存在了。”“大师”椅拥有一个线条繁杂交错的靠背，如果你仔细分辨，可以看出它们分别来自设计史上最富盛名的三把椅子——贾克柏森的 model 3107、艾默斯的 DSR 和艾默斯与沙里宁合作设计的 DAR。

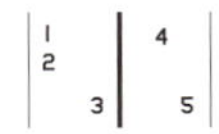

1-3 水果天堂餐厅
4-5 巴黎 Le Meurice 酒店

水果天堂

水果天堂（Le Paradis Du Fruit）是巴黎一家以水果制品为特色的餐厅。这家成立于 1980 年的连锁餐厅主要经营用新鲜水果及蔬菜制成的各式果汁、鸡尾酒、奶昔、色拉、三明治和甜点等产品，因为推崇健康的饮食方式而广受喜爱。餐厅的一句著名口号就是：地球是一个大花园，而水果天堂是她的厨房。虽然始终坚持水果制品的特色，餐厅的环境却需要与时俱进，于是老板 Claude Louzon 大手笔地邀请了著名设计师菲利普 · 斯塔克操刀，为这个 30 年历史的老店改头换面。

这个全新落成的旗舰店位于巴黎的乔治五世大街，占地面积达 350 m^2，分为主就餐区、包厢、露台等功能区域，总共能够容纳 200 人。在设计之初，斯塔克与业主达成了统一意见，即以木材为主要材料来营造热带雨林风格的环境，从而突出水果天堂一贯推崇的健康、有机、天然的饮食概念。在镶木地板及桃花心木护墙板的包围中，整个空间产生了一种温暖而柔和的感觉。相比之下，吧台区域的设计则显得犀利许多，吧台底部采用白色木地板，自然划分出专属于调酒师的领地，镜面包裹的不锈钢吧台及结合了灯光背板的酒柜将整个区域提亮，让柜台里的新鲜蔬果看上去更加娇艳欲滴。

同样抢眼的还有就餐区的几根不锈钢柱子，仔细观察你会发现设计师将其塑造成了树干的形状，而屋顶枝蔓一般的卷曲造型的吊灯与不锈钢树干共同营造出“铿锵森林”的风格。除此之外，斯塔克还将水果元素体现在细节之处，比如用玻璃的纹理来表达果肉的质感。而在餐厅四周的墙上，一共挂着 14 面 2.5mx1.5m 的等离子显示屏，循环播放由斯塔克作为艺术指导创作的影像片段，而当餐厅用来举行派对或者其他活动时，这些显示屏就成为了重要的道具。值得一提的是，设计的细节还反映在了光线上。餐厅内的灯光很有讲究，会随着时间的推移进行变换，让客人即使身处室内也能体验到光影交替的效果。

巴黎 Le Meurice 酒店

作为巴黎奢华酒店中的精华，从 1835 年起 Le Meurice 酒店便坐落于巴黎中心的黄金地段，地处杜乐丽花园对面，协和广场与卢浮宫之间。18 世纪华丽的建筑风格和现代精致的舒适标准在这里交汇，Le Meurice 酒店是法式生活艺术的完美体现，神奇、宁静而优雅。这里也是 le Meurice 餐厅的厨师 Yannick Alléno 的“创作”之所。这位天才的法国厨师从巴黎的美食宝藏中寻找灵感，重新阐释传统菜肴，寻找新与旧的味觉结合。酒店与云集了顶级奢侈品和年轻设计师店铺的凡登广场和圣－奥诺雷街也仅几步之遥。Le Meurice 酒店就像一个平静的港湾，让人回到自我，忘却时间，慢慢体会。

走进餐厅，你会感到十分惊讶这精彩装修的美食餐馆的房间。2007 年，菲利普 · 斯塔克正式被邀请对 Le meurice 进行重新设计。

一旦推开玻璃与镀金雄壮的大门，你会发现古代吊灯的崇高材料，如青铜、大理石和其他的壁画。当你透过雄伟壮观的窗户看向杜乐丽花园时，人的整个心灵仿佛被浪漫优雅而包围。END

谷文达：中园
GU WENDA: CHINA GARDEN

撰　文 | 徐明怡

“中国”、“园林”、“万国”、“四方”是水道，“春风”、“夏日”、“秋雨”、“冬雪”是森林。这个由汉字构成的“中园”是个强调中国元素的大地艺术，亦是一个艺术家的生态乌托邦梦想。

近日，谷文达《中园》绿色森林书法与河道书法园林方案在上海开幕，这位前几年用中国红灯笼包围了欧洲众多著名建筑的艺术大师，采用了和红相对应的绿色，用书法的造型打造了一个虚拟社区的园林和水域，甚至地下建筑的外形都带有传统书法的痕迹。谷文达说：“《中园》的意思就是中国的园林。中国有自己的语言和环境，传统的园林艺术就是大地艺术和建筑的结合，但是现在的城市开发却缺少了中国自己品牌的开发，动不动就是某某小镇，尽是对国外的模仿。”

绿色森林书法与河道书法园林方案

绿色森林书法与河道书法园林是以自然界的常青之树、河道、池塘和湖泊等为媒介，以中国汉字书法的神韵结合来创造气象万千的当代大地艺术。以祖国文明遗产的阴阳五行体系作为绿色森林书法与河道书法园林设计内在的历史和文化的支撑点，以中国传统围合式空间格局为空间构成基础，以谷氏简词的现代主义的汉词结体为园林大地艺术的形式语言来统摄绿色森林书法的艺术展现。历史悠久并作为东方和中国的精英文化的书法艺术拓展到了东方式的大众喜闻乐见的流行文化生活与未来世界的绿色生态生活结合起来，创造出一幅幅辽阔的鸟瞰艺术奇景。绿色森林书法与河道书法园林顾名思义是以汉字书法观念和形式，以常青大树为媒介的园林布局结构，来创造当代东方园林。

以高大常绿乔木和书法笔画的蜿蜒河道为景观表现的物质主体，并在与四季观景植物、灌木、地被植物等相搭配的景观体系中，将阴阳篆刻，艺术扩大到阴性的河道书法与阳性的森林书法，从而在绿色森林书法与河道书法园林中来体现博大精深的变易观。

绿色森林书法与河道书法园林以正草棣篆不同的书法形式和书写风格将园林的布局引入了诗韵、意气、超然等等出神入化的境界之中。汉字的选择将园林达到了表达意向的境界。比如《景园》是以“山高”、“云行”、“风清”，“月白”等汉字书法为公园的构成，再比如《中园》选择了“春风”、“夏日”、“秋雨”、“冬雪” 为园林的建构，而《华园》则以“中国园林艺术”的汉字书法为章法布局。

随着人们生活水平的日益提高，从物质奢华到精神文明，从品牌的追求到有机生存，从繁华都市到农家田园生态岛，生态环境的需要是独一无二的。绿色森林书法与河道书法园林，她是未来的园林和主题公园、未来城市的一个理想的生态形式、一个独创的美学概念、一个绿色生活的框架……

由红转绿 走向阳光

ID 为什么会选择园林这个题材?

谷 除了艺术之外，我最喜欢的就是大自然，我喜欢割草、种花。作为一名中国人，我本来就有着东方自然观。有人提醒我，认为我先是将自然风景搬到山水画中，变成了文人的艺术审美，之后我又把文人的艺术审美再还原到自然中去。一般意义上的审美是视觉上的，而在“中园”，游人是可以有体验的，他们在其中游览与居住的行为也是有独特意义的。目前这个阶段，我们仅能从鸟瞰图上发现这是个书法园林，而当我深化下去后，在《中园》中完善建筑细节时，游人就可以在中园游览的过程中，视觉上感知到书法园林。

ID 《中园》的日程表是怎样的？将来会不会被实现?

谷 这次的展览是这个计划的第一期，我准备第二期继续深化其中的建筑等细节。最终是否能实现，这就要看自己的运气、机遇和缘分了。我希望有哪个国家希望将我的方案作为国家主题公园方案，或者一个地产商愿意将我的方案付诸实现。

ID 《中园》与书法是如何结合的?

谷 其实我是将中国书法作为自己的语言，并将书法的结构扩大化，此时，传统书法中的文人书画就变成了可以亲身体验的事物。在中园里，书法是河道，游客亦成为书法的参与者，他在其中的行为本身就是个体验，他可以身体力行，也可以居住。它与书法的结合体现在四个方面：第一，森林做成书法；第二，河道也构成书法；第三，河道里有书法的倒影；第四，草地做的书法。《中园》的广场非常巨大，我选了中国最有代表性的四个时代，分别是代表炎黄子孙的轩辕、皇帝、贞观和共和。

ID 过去，您喜欢运用人类身体元素极具破坏力甚至是禁忌的艺术语汇来选择自己，之后也是用“中国红”来包裹各类建筑物，此次的《中园》则非常温和，这与早期的作品非常不同。

谷 是的，黄专老师在开幕式上也谈到，《中园》是谷文达阳光型的作品，但这实际上是件对现实批判的作品，这是在阳光下的一种社会意义的美学。我后来在写我的水墨回顾展的文章时提到，我现在的美学方式不再是“85 时期”陈旧的美学，或是 60 年代的嬉皮士和垮掉的一代的前卫艺术概念化的形象，现在的我，追求的是大众参与和身体力行的经历美学。我希望通过娱乐与大众参与来改造社会，而不是以前作品那种本身嚣张而扭曲的脸。

批判现实　生态乌托邦

ID 《中园》这个名字代表了什么？
谷 《中园》的意思就是中国的园林，但这个名字一是指中国，二是指中心，我希望中国元素变得更具影响力。英文名‘China Park”就不能将《中园》的双关意义表达出来。

ID 为什么会跨入环境艺术领域？
谷 我觉得中国当代艺术作品的衡量价值是作品市场价格的多少，这个客观的标准对我来说已经不重要了。对我来说，艺术的重要性在于影响一批人。目前，我们的原始开发非常不成熟，我希望我的作品能够影响一代城市开发与房地产开发。那它所产生的价值就远远不是卖掉一张画的意义所能媲美的了。

ID 如何影响？产生的是什么价值？
谷 我认为《中园》可以引导市场的导向。如果你在网上随便搜索一下，中国的很多地名都是西方的名字，诸如“贝多芬广场”、“泰晤士小镇”或“枫丹白露”等这些词早已被用滥。西方的这些地方自身都有历史的沉淀。如果我们将西方的东西搬过来，就需要进行消化后变成自己的东西，才会具有文化意义与价值。但事实上，中国到处都是翻版，国人也忘记了我们中国还存在像拙政园等优秀的财产。我希望《中园》可以吸纳中西方园林中的闪光点，打造属于中国自己的园林品牌。

ID 许多中国建筑师与艺术家也都在寻找重拾中国文化的道路。你对目前的成果如何看待？
谷 我觉得目前中国社会的心态还十分浮躁，我们的社会是一夜之间从一个时代跳入另一个时代，而我们的美学也迅速跳到另外一个美学，这也就是说，我们正处于夹生的时代。我们国家三十年的经济发展，成绩斐然，但速度快并不代表已经发展到一定的高度。中国还有十亿农民，他们很难去欣赏建筑、欣赏当代艺术。我们所认可的代表着中国文人情趣的青砖白瓦并不能吸引农民，所以，中国当代建筑如果走向成熟还需要几代人的努力。

ID 提点建议吧。
谷 首先，一定需要有民族的历史文化积累；其次，你的作品必须是独创的，任何一个民族都不可能离开自己的历史，作品也必须符合这个时代的要素；第三，你必须有对未来趋势的把握，才能影响一代人。END

“城市建筑与城市生活”论坛
暨《二〇一〇年上海世博会建筑》新书首发仪式

撰文 | 徐明怡
摄影 | 韦然 赵鹏程

举世瞩目的2010年上海世博会已经拉开帷幕，此次盛会以“城市让生活更美好”为主题，充分展现了建筑在城市生活中的作用及其价值。这是一场世界新建筑的盛会，充分展现了建筑在城市生活中的作用及价值，在世界建筑史上将写下重要的历史篇章。但是除永久性保存的“一轴四馆”之外，本届世博会建筑大都将是临时性建筑，在世博会结束后都将面临拆除的命运。所以如何记录并深入探讨世博建筑的内涵和价值，便成为中国建筑界面临的任务和责任。

本届世博会建筑的典型特质是什么？世博建筑中反映出了怎样的文化精神与价值理念？新材料在世博建筑中的创新应用，如何深刻影响了建筑的功能和形态？对中国建筑设计界而言，世博建筑将可能带来哪些冲击和影响？中国建筑未来的发展趋势是什么？……

2010年5月24日下午，由中国建筑工业出版社和山东金晶科技股份有限公司联合主办的“城市建筑与城市生活”论坛暨《二〇一〇年上海世博会建筑》新书首发仪式在美丽的黄浦江畔隆重举行，令众多建筑界知名人士相聚一堂，共同探讨这个城市建筑与生活的话题。

新书发布会上，中国建筑工业出版社副社长王秋和、本届世博会的主题演绎顾问郑时龄院士、上海世博会总建筑师沈迪与参与多项世博场馆设计的同济大学建筑设计院常务副院长王健出席了此次发布会，并进行了精彩的致辞，对该书给予了肯定。中国馆设计师何镜堂院士、郑时龄院士与王秋和副社长共同为新书揭幕。

此次论坛以“城市建筑世博会”为主题，吸引了70余名国内顶级建筑师和设计师的参加，其中众多参加过世博会场馆设计的建筑师的集中亮相和现身说法更让本次论坛备受关注。不仅众多“一轴四馆”的设计师均到场现身说法，还有包括参与了日本馆、英国馆、阿联酋馆、卢森堡馆、城市最佳实践设计区等建筑设计的诸多知名设计师也参与了本次论坛。

中国馆的总设计师华南理工大学建筑学院院长何镜堂以《传统文化与现代创想的交融—中国馆的建筑创作》为题，从文化的角度探讨了中国馆的设计思路；来自上海现代设计集团华东建筑设计研究院的黄秋平先生介绍了世博轴阳光谷设计中融入的绿色思维理念；山东金晶科技股份有限公司项目总监顾云青通过超白玻璃这一国际领先的高技术含量产品在中国馆、世博轴阳光谷、上海演艺中心等诸多上海世博会标志性建筑中的成功应用，分析了材料和技术的创新如何改变建筑功能和价值，并分析了琪对建筑设计观念带来的变革。END

《二〇一〇年上海世博会建筑》

开本：230mm × 297mm
页数：340 页
彩色精装带护封
定价：208.00 元
出版：中国建筑工业出版社

历史上，世博会常常同传世的建筑遗产相联系，如 1851 年伦敦世博会的水晶宫、1889 年巴黎世博会留下的埃菲尔铁塔等。2010 年，世博会带着人类对工业文明的反思和对可持续发展的关注登陆上海。

2010 年上海世博会首次提出“城市”主题，成为人类历史上第一次在发展中国家举办的综合性世界博览会，对上海城市发展起到极大的推动作用。作为世博园中最主要的组成元素，世博会上的建筑既是举办各种展览和活动的场所，其本身也是耀眼的展品，传达出不同的价值观和创造性，表达人类对未来的某种愿望，其中，许多建筑亮点和观念亦为建筑师们带来启发。

《二〇一〇年上海世博会建筑》一书则是秉着将这些建设成果传播给广大的专业读者的宗旨编写。全书共分为四个部分，系统地对本届世博会各个场馆进行介绍，除了着力介绍众多诸如一轴四馆和各国国家馆等新建场馆外，本书亦收罗了众多工业遗产的改建建筑。全书共收集了近七十个世博场馆，分四部分：一轴四馆、国家馆、企业馆和其他。一轴四馆主要介绍五座永久性建筑，即中国馆、世博中心、世博文化中心、主题馆和世博轴；国家馆按照所处地理位置划分为 A 片区、B 片区和 C 片区，内容涵盖重点场馆，如加拿大馆、西班牙馆、瑞士馆、法国馆、意大利馆、德国馆和美国馆等；企业馆着力介绍位于浦西片区的企业馆，如万科馆 ·2049、上海企业联合馆、国家电网馆等；其他部分则网罗了一些由老厂房改建的场馆，如位于最佳实践区中部的几座展馆以及世博会博物馆和城市足迹馆等。书中所选的场馆均有文字介绍并配有精美的现场图片，重点场馆配合详尽的平、立、剖线图，力求不仅为读者提供了一个个建筑技术发展的切片，让读者了解既有的成果；同时，也为专业读者展示了未来建筑技术发展的新趋势，预示了未来建筑发展的方向。 END

《2010 年上海世博园区绿地景观》

《2010 年上海世博园区绿地景观》一书着重介绍了世博会展区及周边地区的绿地景观设计，内容主要涉及园区内三大公园、聚会广场、道路系统环境和绿色技术等。本书详细介绍了世博会绿地景观的规划过程、设计思路及所涉及的新型技术。图片资料涵盖了设计发展的每个步骤，并且收录了大量的最新实景照片，使本书在具有很强专业性的同时，也提高了其收藏价值。本书编委会成员阵容强大，从世博绿地景观建设的决策者、评审者到具体的设计实施人员都为本书的编撰花费了大量的精力，收录了大量的第一手资料，可以说本书是目前市场上介绍世博会绿地景观设计内容最为详细和专业的图书。 END

主编：戴军
开本：国际 16 开
页数：190 页
彩色平装
定价：80.00 元
出版：中国建筑工业出版社

德国高仪：设计、品质和科技的完美平衡

2010年5月26日，作为欧洲最大、世界领先的卫浴产品制造商，德国高仪携新品高仪瑞德和波蓝，高仪炫彩及明星产品高仪安渡斯参加第十五届中国国际厨房卫浴设施展览会，高仪亚太区总裁 Bijoy Mohan 先生、高仪首席营销官 Gerry Mulvin 和高仪全球资深设计总裁 Paul Flowers 也亲临现场，向业界和消费者展现高仪产品在精湛科技、完美品质和卓越设计上三位一体的完美平衡。除了高仪全线经典产品外，高仪还展出了划时代的新产品——新型高仪瑞德和高仪波蓝。GROHE Blue® 2 新型高仪波蓝在 GROHE Blue® 上继续创新，在保留过滤器的基础上，新增了制冷和充压二氧化碳气体功能，只要打开厨房龙头，就能马上享用碳酸水和无气水。GROHE Red®(高仪瑞德）直接供应管道开水，开水直接从龙头流出，无需片刻的等待，为使用者带来便捷。他们的面世让顾客能更加轻松享受各种水带来的愉悦。

2010 精品家居·"Top Living" 大奖在沪启动

近日，由《精品家居》杂志主办，意繁策划承办的2010精品家居·"Top Living" 大奖在沪召开新闻发布会。此次大奖赛针对中国高端设计市场，旨在倡导更富品位与内涵的生活方式，提升国内高端住宅市场的整体水平，是国内目前唯一的高端家居设计赛事，也是高端家居界的一次设计盛宴。发布会当日，数十名沪上知名设计师齐聚，参赛设计师代表、著名设计师萧爱彬也就"高端住宅的未来发展方向"发表了主题演讲。

本次大赛将有200名国内主要从事高端住宅设计的优秀设计师参赛，由组委会初审出50件作品送交专业评委评选，最终将评出4项大奖。大赛的评委由专业评委和嘉宾评委组成，专业评委由来自英国、美国、法国的顶级室内设计大师担任；专业评委主席由同济大学博士生导师来增祥教授担任，依据他们共同的打分，从中诞生最佳空间设计、最佳装饰布艺、最佳灯光设计三项专业大奖以及10位"Top Living" 综合大奖的提名。嘉宾评委则由设计界、艺术界、时尚界以及文化圈的精英人士组成，这些人都是热爱生活，致力于让生活更美好的当代典范。在11月下旬举办的2010"Top Living" 颁奖盛典上，他们将现场投票，从专业评委的提名中评选出一名年度"Top Living" 综合大奖得主。大赛投稿期为2010年5月1日~2010年8月31日；初审期为2010年9月1日~2010年9月15日，50件入围作品将公布于网站；评审期为2010年9月16日~2010年10月25日，产生三项专业大奖；颁奖日期为11月21日，颁奖盛典现场将公布三个专业奖项获得者，并评选出一名 Top Living 大奖得主。

ALTM 亚洲豪华旅游博览闭幕

2010 ALTM 亚洲豪华旅游博览日前在上海顺利闭幕。本次展会是仅对受邀请的豪华旅游策划人和设计师开放的高级展会。在本次展会上，成功为展商和供应商安排的商务会谈总数达到了16000次。ALTM 亚洲豪华旅游博览为商务人士提供了一个极佳的交流平台。展商们向亚太地区最有眼光的买家们竞相展示他们最抢手的旅行目的地，极度豪华的酒店住宿，高端交通和独一无二的旅游体验。ALTM 亚洲豪华旅游致力于打造"每一个展商都有一个特邀买家"的商务环境。今年有超过330家展商和买家参加了本次展会。同时，有超过20%的新展览公司和新买家被授权参与今年的展览。展览总监 Debbie Joslin 说道："今年 ALTM 亚洲豪华旅游博览的盛况证明了亚太地区的豪华旅游在中国经济稳定增长和诸如日本这样成熟市场的驱动下，正在急速扩张。"下一届的 ALTM 亚洲豪华旅游博览将会更名为国际豪华旅游博览——亚洲站，将于2011年6月13日~16日举行。

来自阿普利亚的意大利式婚礼首次亮相世博

近日，2010年上海世博会意大利馆为游客们呈献了一场美轮美奂的"来自阿普利亚的意大利式婚礼"。在意大利馆的广场，40余件时尚婚纱礼服和晚礼服闪耀T台，轮番上演意大利当红高级婚礼时装设计师的独具匠心。这些时装婚纱不仅外观美艳，用料也是上乘，选取了柔顺的丝绸、上等的蕾丝、硬挺的山东绸、透明硬纱的蝴蝶结以及致密的米卡多面料。这场婚纱时尚秀中所有的新娘礼服和高档晚装都由一流工匠手工制作，为游客们奉上本季最优雅、最时尚、最迷人的婚纱礼服。

在设计方面，参加时尚秀的婚纱全部为自主设计和制作的原创款式，来自意大利最受电影明星、电影服装设计师和广告宣传活动青睐的设计工作室——设计师们自称为"艺术商店"。通过上海世博会，游客们可以亲自感受来自"艺术商店"的魅力：世界瞩目的 Azzurra Collezione、拥有50多年设计经验的 Bellantuono 和 Giovanna Sbiroli、朝气蓬勃却已广为人知的 Rossorame、沿袭传统精湛工艺的 Ninfe Collezioni Sposa、规模虽小却独一无二的 Anna Primiceri Spose，以及代表阿普利亚时装界新生代女装设计的 Gianni Calignano。

美国德克萨斯州州长佩里携夫人访华

德克萨斯州州长瑞克·佩里携其夫人安尼达·佩里将亲率美国德州代表团，包括德州官方、商业及旅游业代表，参加上海世博会"致礼德州周"活动。藉此世博契机，德州经济开发及旅游代表团的诸位成员将深入拓展两地间经济开发及旅游方面的联系，同时提供中国与德州的文化交流。佩里州长说："安尼达与我很高兴能够率领代表团来到上海，展示我们德州众多的经济开发契机与旅游景点，独一无二的世博契机将加强我们与本地的关系，而我们也将致力于确保本次世博会将为孤星之州——德州带来更多的工作、商业投资与旅游发展机会。"在代表团访华期间，德州将在美国馆的活动中扮演重要地位。据估计，总共将会有五百至六百万名游客参观美国馆。而美国馆为了契合本届世博会的主题，也将展示美国作为一个充满机会、多样性、创新精神、成功理念、可持续发展概念、卫生及营养健康以及科技等多元国家形象。游客们可望在"致礼德州周"期间，亲历孤星之州标志性的娱乐项目如：Kevin Fitzpatrick 的牛仔套绳秀，现场音乐会表演(Marshall Ford Swing 乐团将表演由键盘手、贝斯手、吉他手与主唱的三重唱)，以及与美国宇航局宇航员互动交流。

日本 TOSTEM（通世泰）进驻杭州

近日，TOSTEM（通世泰）建材杭州新时代家居钱江新城展示厅正式开幕，展厅位于杭海路555号的新时代家居广场钱江新城店。品牌创立于1923年，旗下拥有伊奈、美标等国际知名品牌的日本 TOSTEM（通世泰）于2010年7月18日正式进驻杭州市场，带来日本国民的绿色居家生活，为杭城客户提供包括高级玄关（进户）门、室内门、拉门、移门、橱柜收纳、地板在内的通世泰商品。致力于"努力创造以环保为前提的优越居住环境"的综合型居住产品生产企业——日本建材业界龙头 TOSTEM（通世泰），按照符合世界最高环保标准——日本 JAS F☆☆☆☆标准(我国的 E1 最高环保标准，甲醛释放量为1.5mg/L 以下)，所生产的产品甲醛释放量全部在0.3mg/L 以下，并在生产过程尽可能地能源回收利用、节省能耗，坚持不懈地为保护珍贵的地球环境和提高人类的居住生活水平而努力。

瑞士弗兰卡
华丽亮相 2010 国际厨房卫浴设施展览会

2010年5月26日，第十五届中国国际厨房卫浴设施展览会在上海新国际博览中心开幕。全球厨房设备领导品牌瑞士弗兰卡除了展出六大套系生活体验区，高端公共卫浴展示区，更有旗下国际奢侈品牌"艾辛格"(EISINGER)、高端品牌"皇冠"(KINDRED) 品味区，以及领先风尚的未来概念区。弗兰卡以"碳排 - 厨房 +" 为展会主题，向世界倡导绿色节能、环保设计，引领低碳厨房时尚设计新潮流。节能超静音 SILK 烟机，吸尽油烟的同时，音量比传统烟机低12dB，让厨房生活静享无烟；独有全铜集焰式燃烧器，以真正三环火自在烹饪绿色美味；不锈钢专业厨房龙头，更让家庭健康从源头上有了保障，纯净材质不含铅，杜绝厨房水源二次污染。

作为世界厨房行业的翘楚，瑞士弗兰卡始终站在厨房风尚设计的最前沿。新品 Crystal 系列：高质感的水晶面板，深邃优雅的外表，与橱柜环境完美搭配，展现出卓越不凡的黑晶品质之光。设计与功能结合的 SLIDE 烟机，以纯白水晶面板进入未来世界；突破传统的滚轴滤油设计，不仅让 ROLLER 烟机吸油烟效率加倍，也加入易清洁人本关怀；指环设计灵感的 HOOP 烟机，把童话带入到厨房，给生活添入了更多趣味；如潘多拉魔盒一般拥有无限可能的 PANDORA 烟机，让烟机不再只有功能性，更成为厨房艺术的非凡臻品。荣获"设计界奥斯卡" iF 大奖与 Red Dot 大奖的高端烟机，蒸汽与微波烹饪完美组合的品质烤箱，时刻品味浓意生活的咖啡机，为中国家庭带来更多绿色创新，实现更多厨房畅想。

Interni(意特丽)国内首家卫浴及厨房旗舰展厅落沪

近日，Interni(意特丽)卫浴及厨房旗舰展厅正式揭开华丽面纱，为消费者提供当代意大利卓越生活方式。展厅位于上海淮海西路的红坊内，厨房及卫浴展厅占地面积达到1800m2，共陈列超过20多个品牌，全部产品由原产地直接进口。卫浴展厅内所展示的瓷砖整体蕴具艺术价值；卫浴产品拥有精致细腻的做工、卓尔不群的外观、重新定义了舒适卫浴空间的理念；厨房展厅更是以恢宏的气势和尖端的科技引领优雅厨房生活的新风尚。在展厅内，不仅有令人耳目一新的橱柜、瓷砖及卫浴产品，还会有特邀的意大利产品顾问带来专业的建议。

品牌创始人胡镇宇先生在建筑与家居设计的行业里，已累积了三十多年的专业经验，他带领了一批意大利产品顾问精心搜罗来自意大利、德国、西班牙等欧洲各国名师原创的高端厨卫精品建材，从橱柜、卫浴到瓷砖，汇聚了24个世界顶级品牌，包括COEM、CERAMICA DI TREVISO、AZZURRA等，其中一款采用大块天然苏配石材，通过设计大师 Claudio Silvestrin 操刀设计，以手工打造出自然界美态的顶级全石浴缸，重达1.5t，价格高达200多万元人民币的全球限量版，是非凡品味和高贵身份的象征。

百德嘉·整体卫浴空间

百德嘉·BJC近日登陆上海新国际博览中心，品牌首席设计师麦金利先生(世博会美国馆、澳洲馆主设计师)为广大消费者带来集科技、时尚、品质于一体的全新整体卫浴产品。百德嘉以大设计概念提供卫浴空间解决方案，从家装风格上面定位卫浴空间设计，定格空间产品及其搭配。通过"百德嘉整体卫浴设计系统"软件，集合海量的国内外设计大师一流整体设计方案，实现每个消费者的卫浴空间均由设计大师量身定做，以百变的空间风格、时尚的产品设计、丰富的产品搭配、贴心的特定服务，最大程度满足不同人群的个性化需求。

上海国金中心上海浦东丽思卡尔顿酒店开业

世界顶级奢华酒店品牌丽思卡尔顿集团在中国区的第七家酒店，上海国金中心上海浦东丽思卡尔顿酒店于近日隆重开业。上海浦东丽思卡尔顿酒店位处陆家嘴上海国金中心一期大楼顶部的18层楼，酒店由亚洲领先的地产发展商新鸿基地产发展有限公司开发。

上海浦东丽思卡尔顿酒店拥有285间豪华舒适的客房和套间。内装风格展现了30年代老上海装饰艺术风格与现代时尚设计的完美结合。宾客在酒店的每一个楼层，均可饱览沪上外滩美景。据了解，该中心是由世界著名设计师 Cesar Pelli 先生设计，外观如在都市中央的炫彩钻石。其中的购物商场囊括了数百家全球知名的零售品牌专门店，购物环境时尚新颖，为酒店宾客提供便捷高端的时尚消费及购物乐趣。

科马印象上海店重装开业

2010年5月25日，"设计无界——科马印象上海店重装开业庆典暨KOS-FARAWAY新品发布会"于科马印象位于镇宁路200号的专卖店重装开业。现场嘉宾云集，并请到Faraway系列的设计者、意大利著名设计大师Ludovica+ Roberto Palomba夫妇与所有嘉宾分享卫浴理念。Ludovica+ Roberto Palomba夫妇是KOS品牌首席设计师，其幻彩湿蒸房、幻彩双人按摩浴缸等著名作品，都曾进驻科马印象。经典的设计牵手全程服务理念，带给世人无尽的惊喜，而此次的又一力作"KOS—FARAWAY"系列，再次体现了二者之间共有的奢华品质以及宽广无界的设计元素。

科马印象实业有限公司是由银建国际旗下的香港东环置业和北京科马卫生间设计开发工程有限公司于2008年联合投资成立，是中国极具现代设计理念的卫生间全程服务商。在世人广泛追求意大利时尚设计、低调奢华的大环境中，这两个元素早已成为科马印象至高无上的服务宗旨，本着"卫生间全程服务"的理念，打破创作的桎梏成为了科马印象对"无界"的执着追求。

时尚和家居的设计创新趋势及在巴黎展览会上的体现

巴黎大区发展局(ARD)在法国国际专业展促进会的支持下，于2010年5月28日在上海柏悦酒店举办了一项中法交流活动，其主题是《时尚和家居的设计创新趋势及在巴黎展览会上的体现》。

从事时尚行业的中法专业人士参加了这项活动。会上，双方就服装时尚和家具时尚的大趋势以及中法在该行业的交流合作进行了交流，同时对巴黎时尚展览会在促进设计趋势不断向前发展方面所发挥的作用进行了探讨。

继2008年在北京，2009年在上海组织类似活动之后，这次巴黎时尚展览业连续第三年决定来华推介其服装展和家居展，这充分说明法国时尚业人士对中国市场的高度重视。

与会中法专家一致认为，中国经济发展30年为服装和家居时尚行业的高端产品提供了众多的商机，中法合作的前景越来越宽广。巴黎大区发展局副局长让·吕克·马尔格特·杜克罗特先生表示，巴黎大区有20万人从事各项创意行业工作，巴黎有悠久的历史传承，是世界时尚行业和生活艺术的中心城市，也是世界上独一无二的时尚会展之都。巴黎的时尚类专业展览会覆盖了时尚行业的各个分市场，共有42个国际性专业展，每年举办60次展览活动，分两季展出，于每年的一、二月和九月举办。此外，还有分别于三月和十月举办的两次时装周。在展出季节，不同专业的时尚展会同期出展，互为补充，便于业内人士参观，同时也有利于开展国际交流。每年，巴黎大区的时尚和家居类展会有两万家企业参展，其中43%是外国公司，有725000名专业参观人士，高达40%的观众来自海外。正是巴黎的这种创新精神启迪了世博会巴黎大区展馆的建设，体现出"一条母亲河，一处名胜地，一种生活态度"的主题。

FFDM推出的全新Villa Cascina系列家具

提到意大利会联想到罗马、米兰、都灵，但是托斯卡纳(Toscana)却被评为最美的地方。位于Montaione的Villa Cascina别墅，一所著名的老式托斯卡纳风格的农庄，已完全恢复了其昔日的辉煌。这里提供最讲究的，豪华的，乡村风格的膳宿，伫立于壮观的山顶，可360°远眺数英里范围的城镇和村庄。慵懒的阳光，清净的石径，斑驳的树影，古老的拱门，温暖的壁炉，天然的织锦，华丽的胡桃木家具，一切都是那么令人神往。FFDM推出的全新Villa Cascina系列家具，正是汲取了托斯卡纳农庄别墅的风光古物，曲线的外形、精湛的雕花工艺，精选胡桃木实木，配以斑纹樱桃木饰面和胡桃木饰面，特有的法式(Lorraine)洛林色，深棕色五金件，完美演绎着托斯卡纳的浪漫风情。

美国顶级家具品牌FFDM始终追求风格、品质和价值的极致，设计中传承经典，体现雍容大气，内在精致典雅。一件家具在体现生活情趣的同时，或能为您带来一个博大情怀的世界。

中国当代居家生活展全国巡展上海站揭幕仪式

2010年7月1日，中国当代居家生活展全国巡展上海站揭幕仪式在红星美凯龙第66家商场——位于浦东三林世博功能区内的红星美凯龙全球家居设计博览中心隆重举行。到场的百余名社会名流、数十家媒体嘉宾和红星美凯龙一道，共同深入探讨了当代中国的居家理念，在黄浦江畔再开行业之新风。

上海世博会以创新和融合为主轴，当代中国人的居家之道，也惟有在创新和融合的前提下，才能绽放出全新的东方风华与光彩。在世博会民企馆，"红星美凯龙世博艺术生活空间"广受好评。整个展厅以"中国·生态·艺术"为核心设计理念，秉承绿色、低碳的环保思路，以无声处展现了红星美凯龙对于中国当代居家之道的理解。正如车建新所说，"以海纳百川之心博览世界，以天地人和之道读懂中国"。活动当天高朋满座。由《东方夜新闻》主播潘涛主持的名家论道环节，当仁不让成为全场焦点。车建新、邱德光、殷智贤、詹慧川、杨明洁、史龙天、李东田和钟丽缇夫妇等众多名家，依托各自行业背景，围绕"居·东方"、"谐·自然"、"尚·创意"三方面话题，畅谈对当代中国居家理念的理解。

最后，来宾参观了红星美凯龙与《时尚家居》共同举办的图片巡展。一幅幅具有时代气息的家居摆设图，再现了几代人为实现家居理想所做的真实努力。

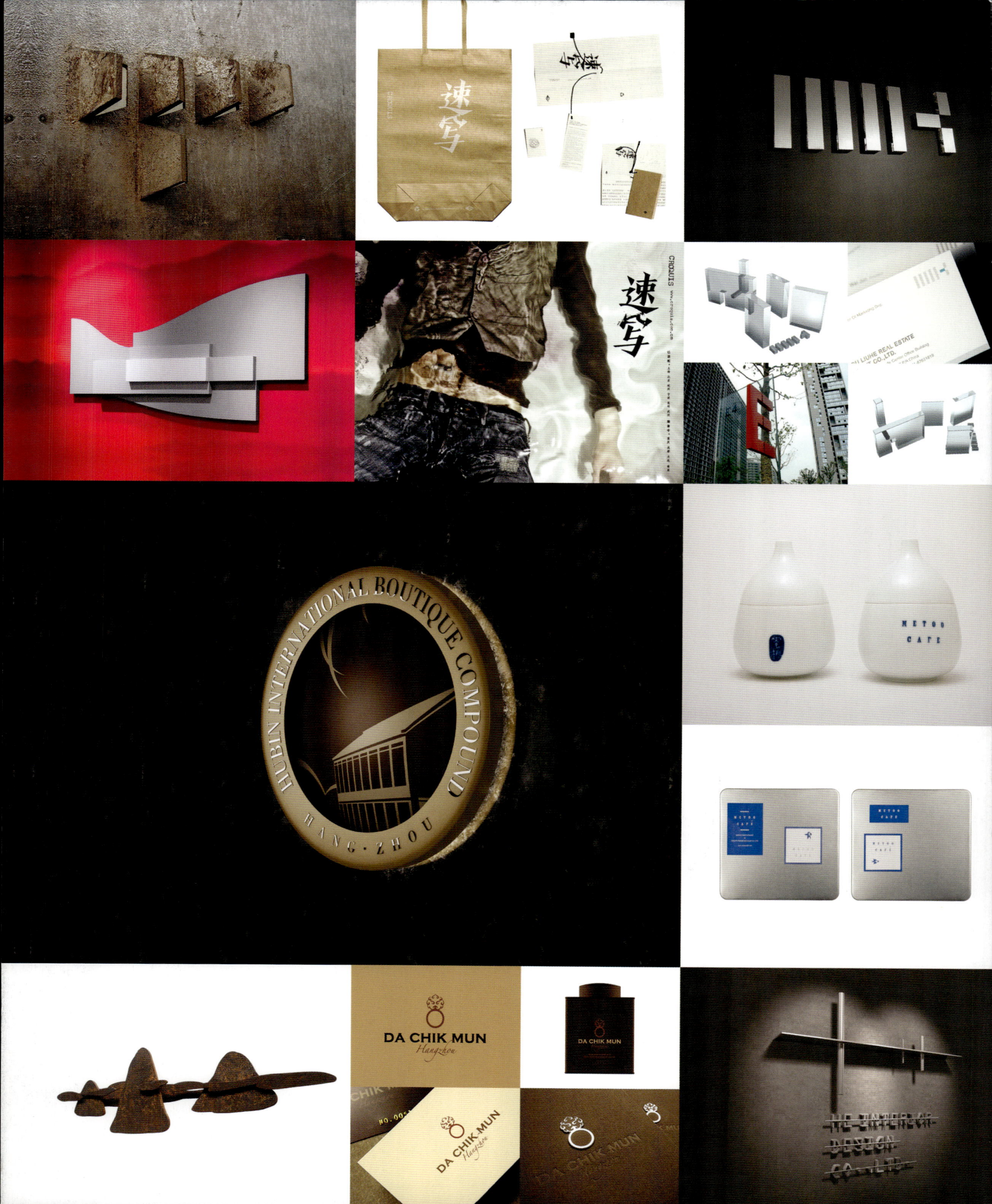
速写
CROQUIS
HUBIN INTERNATIONAL BOUTIQUE COMPOUND
HANG·ZHOU
METOO
CAFE
DA CHIK MUN
Hangzhou

ISBN 978-7-112-11718-5
中国建工出版社